FÍSICA
PARA EDIFICAÇÕES

S253f Sato, Hilton.
         Física para edificações / Hilton Sato, Ivone Marchi
     Lainetti Ramos ; coordenação: Almério Melquíades de
     Araújo. – Porto Alegre : Bookman, 2014.
         xii, 122 p. : il. color. ; 25 cm.

     ISBN 978-85-8260-139-6

         1. Física – Edificações. I. Ramos, Ivone Marchi Lainetti.
     II. Araújo, Almério Melquíades de. III. Título.

                                              CDU 53:69.07

Catalogação na publicação: Ana Paula M. Magnus – CRB 10/2052

HILTON SATO
IVONE MARCHI LAINETTI RAMOS
Coordenação: Almério Melquíades de Araújo

2014

© Bookman Companhia Editora, 2014

Gerente editorial: *Arysinha Jacques Affonso*

Colaboraram nesta edição:

Editora: *Maria Eduarda Fett Tabajara*

Assistente editorial: *Danielle Oliveira da Silva Teixeira*

Processamento pedagógico: *Bianca Basile Parracho*

Leitura Final: *Susana de Azeredo Gonçalves*

Capa e projeto gráfico: *Paola Manica*

Imagem da capa: *Glass wall of office buildings:* ©fuyu liu/Shutterstock®

Editoração: *Techbooks*

Todos os esforços foram feitos para localizar os proprietários de direitos autorais dos materiais inseridos neste texto com o intuito de obterem-se todas as devidas permissões. No caso de algum proprietário ter sido omitido, estamos à disposição para fazer as devidas retificações de créditos em formato de errata em uma próxima impressão.

Reservados todos os direitos de publicação à
BOOKMAN EDITORA LTDA., uma empresa do GRUPO A EDUCAÇÃO S.A.
A série Tekne engloba publicações voltadas à educação profissional, técnica e tecnológica.
Av. Jerônimo de Ornelas, 670 – Santana
90040-340 – Porto Alegre – RS
Fone: (51) 3027-7000   Fax: (51) 3027-7070

É proibida a duplicação ou reprodução deste volume, no todo ou em parte, sob quaisquer formas ou por quaisquer meios (eletrônico, mecânico, gravação, fotocópia, distribuição na Web e outros), sem permissão expressa da Editora.

Unidade São Paulo
Av. Embaixador Macedo Soares, 10.735 – Pavilhão 5 – Cond. Espace Center
Vila Anastácio – 05095-035 – São Paulo – SP
Fone: (11) 3665-1100   Fax: (11) 3667-1333

SAC 0800 703-3444 – www.grupoa.com.br

IMPRESSO NO BRASIL
PRINTED IN BRAZIL

Autores

Hilton Sato
Graduado em Física pela Universidade Federal de São Carlos (UFSCar, 1987). Atuou como responsável pelo Setor de Física na Coordenadoria de Divulgação Científica e Cultural (CDCC/IFSC), desenvolvendo equipamentos e coordenando cursos de ensino (fundamental, médio e superior) em física e em programação computacional. Coordenou, juntamente com professores do Instituto de Física de São Carlos, cursos de atualização profissional para professores da rede de ensino pública do Estado de São Paulo. Foi ainda professor de física na Etec Vasco Antônio Venchiarutti, Jundiaí/SP, e atualmente é professor-coordenador de projetos do Centro Paula Souza, em São Paulo.

Ivone Marchi Lainetti Ramos
Graduada em Pedagogia pela Universidade Federal de São Carlos (UFSCar, 2013), tecnóloga em Construção Civil pela Faculdade de Tecnologia de São Paulo (FATEC-SP, 1989), especialista em Gestão Pública pelo Instituto Federal do Paraná (IFPR, 2013) e em Relações do Trabalho no Brasil Contemporâneo pela Universidade Nove de Julho (UNINOVE, 1997), e mestre em Tecnologia pelo Centro Paula Souza, em São Paulo (2008). Atuou como Supervisora de Qualidade de Obras Públicas do Município de São Paulo pela System Engenharia (1988-1990) e como professora do Programa de Formação Pedagógica para Docentes pela FATEC-SP (2010, 2011 e 2012) e do Programa de Especialização em Gestão e Avaliação da Educação Profissional pela Universidade Federal de Juiz de Fora (UFJF, 2012-2013). Atualmente é professora do Curso Técnico em Edificações na Escola Técnica de São Paulo (ETESP, desde 1992), Coordenadora de Projetos na Unidade de Ensino Médio e Técnico do Centro Paula Souza (CEETEPS, desde 1998) e professora do Curso de Aperfeiçoamento Aprendizagem de Jovens e Adultos, pelo Programa de Pós-graduação do Centro Paula Souza, em São Paulo (CEETEPS, desde 2013).

Coordenador

Almério Melquíades de Araújo
Graduado em Física pela Pontifícia Universidade Católica (PUC-SP). Mestre em Educação (PUC-SP). Coordenador de Projetos na Unidade de Ensino Médio e Técnico do Centro Estadual de Educação Tecnológica Paula Souza (CETEC), em São Paulo.

Agradecimentos

Esta obra é resultado de um esforço cooperativo e interativo.

Agradecemos, inicialmente, ao Professor Almério Melquíades de Araújo que, ao acreditar no nosso trabalho, ofereceu esta valiosa oportunidade para promovermos uma reflexão sobre a integração dos conhecimentos propedêuticos da Física e dos conhecimentos específicos do Curso Técnico em Edificações.

Agradecemos a todos que, com suas inspiradoras contribuições, à luz das práticas desenvolvidas em sala de aula, permitiram o entretecimento de conceitos e aplicações.

Cabe um agradecimento especial ao Professor Carlos Inácio Eberl Facheris, que revisou a produção de forma criteriosa e competente.

Somos gratos também à equipe do Grupo A, que viabilizou o projeto de pesquisa desta obra, disponibilizando o acervo da editora, além de acompanhar de forma zelosa a produção em cada uma de suas etapas.

Hilton Sato
Ivone Marchi Lainetti Ramos

Apresentação

As bases científicas do ensino técnico

Que professor já não disse, ou ouviu dizer, diante dos impasses dos processos de ensino e de aprendizagem, que "os alunos não têm base" para acompanhar o curso ou a disciplina que estão desenvolvendo?

No ensino técnico, onde os professores buscam a integração dos conceitos tecnológicos com o domínio de técnicas e do uso de equipamentos para o desenvolvimento de competências profissionais, as bases científicas previstas nas áreas do conhecimento de ciências da natureza e matemática são um esteio fundamental.

Avaliações estaduais, nacionais e internacionais têm constatado as deficiências da maioria dos nossos alunos da Educação Básica, particularmente nas áreas do conhecimento mencionadas. Os reflexos estão aí: altos índices de repetência e de evasão escolar nos cursos técnicos e de ensino superior e baixos índices de formação de técnicos, tecnólogos e engenheiros – formações profissionais nas quais o domínio dos conceitos de matemática, física, química e biologia são condições *sine qua non* para uma boa formação profissional.

Construir uma passarela entre os cursos técnicos dos diferentes eixos tecnológicos e as suas respectivas bases científicas é o propósito da coleção Bases Científicas do Ensino Técnico.

Acreditamos que, partindo de uma visão integradora dos ensinos médio e técnico, o desenvolvimento dos currículos nas alternativas subsequente, concomitante ou integrado deverá ser um processo articulado entre os conhecimentos científicos previstos nos parâmetros curriculares nacionais do ensino médio e as bases tecnológicas de cada curso técnico, numa simbiose que não só garantirá uma educação profissional mais consistente, como também propiciará um crescimento profissional contínuo.

Sabemos que o adulto trabalhador que frequenta as escolas técnicas à noite e que, em sua maioria, concluiu o ensino médio há um certo tempo é o principal alvo dessa coleção, que permitirá, de forma objetiva e contextualizada, a recuperação de conhecimentos a partir de suas aplicações.

Esperamos que professores e alunos (jovens e adultos trabalhadores), ao longo de um curso técnico, sintam-se apoiados por este material didático a fim de superar as eventuais dificuldades e alcançar o objetivo comum: uma boa formação profissional, com a aliança entre o conhecimento, a técnica, a ciência e a tecnologia.

Almério Melquíades de Araújo

Sumário

capítulo 1
Grandezas físicas 1
Introdução 2
Grandezas físicas fundamentais 2
    Comprimento 3
    Massa 6
    Corrente elétrica 10
    Temperatura 11
    Outras grandezas físicas fundamentais 11
Grandezas físicas derivadas 12
Atividades 14

capítulo 2
Resistência e estabilidade 17
Introdução 18
Movimento e sustentação 18
Força 20
    Força peso 20
    Força, pressão e área 21
    Força de ação e força de reação 23
    Força de atrito 23
    Força gravitacional e força elástica 25
    Força resultante 27
    Centro de massa 27
    Momento fletor 28
    Sobre algumas edificações 32
Atividades 33

capítulo 3
Instalações elétricas 37
Introdução 38
Carga elétrica 38
Corrente elétrica 39
    Lei de Ohm 41
    Efeito Joule 42
    Resistividade e condutividade 43

Potência 45
Circuito elétrico 46
Corrente elétrica contínua e alternada 48
Atividades 49

capítulo 4
Instalações hidráulicas 53
Introdução 54
Hidrostática e hidrodinâmica 54
    Fluidos 54
    Pressão atmosférica 54
        Experimento de Torricelli 55
        Pressão atmosférica 58
        Altura 58
    Empuxo e peso 61
    Força e pressão 62
    Vazão 62
Atividades 64

capítulo 5
Insolação e conforto térmico 67
Introdução 68
Calor 68
    Transferência de calor 69
    Instrumentos de medição 69
        Sistema isolado 71
        Equilíbrio térmico 72
        Produção de calor 72
        Perda de calor 72
        Calor específico 73
        Gradiente de temperatura ... 74
    Mecanismos de transferência de calor 74
        Condução 75
        Convecção 77
        Radiação 78
Emissividade, inércia e dilatação térmica 78

Aproveitando a energia da radiação eletromagética 80
Relações matemáticas 81
    Quantidade de calor 81
    Dilatação térmica 82
Atividades 86

capítulo 6
Estudos topográficos 89
Introdução 90
Reflexão e refração 90
    Reflexão regular e difusa 91
    Refração 92
    Representação dos raios de luz 92
Utilizando a energia luminosa 93
        Aproveitamento da luz 93
        Opacidade e transparência 94
Instrumento de medida 95
Orientações e alinhamento 99
    Rumo 99
    Azimute 100
    Relação azimute e rumo 100
Atividades 101

capítulo 7
Tratamento acústico 105
Introdução 106
Ondas 106
    Ondas mecânicas 107
        Velocidade, comprimento e frequência 109
    Ondas sonoras 109
        Nível sonoro e intensidade 110
        Fenômenos físicos 111
        Relações matemáticas 113
        Velocidade do som 114
        Coeficiente de absorção sonora 115
        Conforto acústico 116
Atividades 121

» capítulo 1

Grandezas físicas

Na construção civil, o conhecimento das grandezas físicas e dos sistemas de unidades é de fundamental importância para a quantificação das variáveis envolvidas nas diferentes situações que se apresentam tanto na fase do projeto quanto na execução da obra. Saber o significado e o valor das unidades utilizadas, associando-as aos aspectos verificados na prática, é premissa para o desenvolvimento do trabalho de profissionais da construção civil.

Expectativas de aprendizagem
- » Avaliar propriedades e características de materiais de construção básicos.
- » Calcular o consumo dos materiais na produção de argamassa e concreto.
- » Reconhecer métodos de ensaios tecnológicos dos materiais básicos de construção.
- » Realizar ensaios laboratoriais e de campo.

Bases Tecnológicas
- » Propriedades físicas e mecânicas de agregados para argamassas e concretos.
- » Propriedades físicas e mecânicas do concreto e da argamassa (estado fresco e endurecido).

Bases Científicas
- » Grandezas físicas fundamentais.
- » Grandezas físicas derivadas.
- » Unidades de medida e escalas.

Introdução

Você provavelmente já disse ou ouviu frases como:

- Esta passarela tem 100 metros de comprimento.
- O tempo de início de pega deste cimento é inferior a 1 hora.
- Quero dois sacos de cimento de 50 quilogramas.
- Preciso de 12 metros de fio de 1,5 mm² de diâmetro.
- A potência desta betoneira é de 5.000 Watts.

Em cada uma dessas frases há uma **informação quantitativa**, um número que fornece um valor para determinado material ou propriedade. A esse número associa-se uma **unidade padrão** como modo de comparação, que dará uma ideia da grandeza do valor.

No momento em que o homem tomou consciência da importância da comparação, houve a necessidade de determinar padrões de unidades de medida que pudessem traduzir a grandeza e fornecer informações sobre os objetos comparados. Essa necessidade tornou-se importante quando foi preciso trocar um animal por outro diferente, trocar quantidades de objetos de estruturas e características diferentes entre si ou então determinar a utilização de um material.

Na física, esses padrões foram determinados e estabelecidos para compreender a relação que pode existir entre **fenômenos observáveis** ou **medidos**. Neste capítulo, serão apresentados alguns padrões estabelecidos para medidas e sua importância dentro do eixo tecnológico Infraestrutura, previsto pelo Ministério da Educação. Discutiremos principalmente as grandezas físicas, que serão retomadas nos próximos capítulos.

Grandezas físicas fundamentais

Algumas medidas, como palmos, passos ou pés, são utilizadas principalmente em brincadeiras de crianças. Essas medidas dependem do tamanho da pessoa, ou seja, não há como definir um padrão de medida. A jarda também é uma medida que depende do tamanho da pessoa, pois está relacionada com a distância entre o nariz e a ponta do polegar, com o braço esticado. Com relação ao tempo, o imperador romano Júlio César padronizou seu calendário, que foi utilizado em grande parte da Europa.

Para que todos pudessem compreender as relações entre as medidas realizadas e comparadas, foram definidas algumas **unidades** para as grandezas físicas fundamentais (que se dividem em escalares e vetoriais). Para todas elas, múltiplos e submúltiplos dessas unidades foram criados.

O Brasil adota o Sistema Internacional de Unidades (2012), e a Associação Brasileira de Normas Técnicas (ABNT) é o órgão responsável pelas normas técnicas do país. Apenas Mianmar, Libéria e Estados Unidos não adotam esse sistema.

> » **IMPORTANTE**
> **A grandeza escalar** é definida por um número e uma unidade — por exemplo, uma massa de 5 kg. **A grandeza vetorial** é definida por um número, uma unidade e uma orientação (direção e sentido).

» Comprimento

Alguns materiais básicos utilizados na construção têm a mesma unidade de medida, mesmo se tratando de materiais diferentes. Podemos citar como exemplo a brita nº 1 e a areia. Esses dois materiais são adquiridos por metro cúbico, que tem como símbolo o m^3 e é derivado da unidade da grandeza fundamental **comprimento**, o **metro** (m). O metro pode relacionar-se, por exemplo, com:

- pressão
- densidade
- força
- trabalho
- vazão

Dessa unidade fundamental derivam outras unidades conhecidas e muito utilizadas. O Quadro 1.1 apresenta algumas delas.

> » **NO SITE**
> Para saber mais sobre o Sistema Internacional de Unidades, visite o ambiente virtual de aprendizagem Tekne: **www.bookman.com.br/tekne**.

Quadro 1.1 » Derivações da unidade metro

Nome	Símbolo	Exemplo
Quilômetro	km	$5\ km = 5000\ m = 5 \times 10^3\ m$
Centímetro	cm	$18\ cm = 0,18\ m = 18 \times 10^{-2}\ m$
Área	m^2	$20\ m^2 = 10\ m \times 2\ m = 4\ m \times 5\ m$
Volume	m^3	$420\ m^3 = 2\ m \times 30\ m \times 7\ m$

>> PARA REFLETIR

É possível medir e comparar coisas diferentes?

Areia e brita, materiais diferentes, podem ser descritas por meio de uma mesma unidade de medida. Entretanto, há casos em que um mesmo tipo de material pode ser descrito com unidades diferentes de medida, como os líquidos. Os líquidos podem ser medidos em metro cúbico ou em litro, embora sua relação não seja tão direta, isto é, um litro não equivale a um metro cúbico. A seguir, está descrita a relação entre o litro e o metro cúbico.

$$1\ L = 0{,}001\ m^3 = 1\ dm^3 = 1000\ cm^3$$

>> CURIOSIDADE

O primeiro valor a ser definido para o metro estava relacionado com uma fração do valor do meridiano terrestre. Entre os anos de 1889 e 1960, utilizou-se a barra de platina-irídio como padrão para o metro. Em 1960, redefiniu-se o metro como comprimento de onda da luz emitida pelo gás criptônio das lâmpadas fluorescentes. Hoje, o metro equivale ao comprimento do trajeto percorrido pela luz no vácuo em aproximadamente $3{,}34 \times 10^{-9}$ segundos.

A grandeza física fundamental comprimento está presente em vários momentos do desenvolvimento de um projeto ou no decorrer da sua execução, além de relacionar-se com outras grandezas físicas. Veja alguns exemplos:

- De quantos metros de tubos de PVC a obra precisa?
- Qual é a altura permitida entre o ponto de abastecimento (caixa d'água) e o ponto de consumo (torneira) para que a pressão nas paredes do tubo não prejudique a estrutura da instalação?
- Qual é a espessura das paredes do tubo?
- Qual é a pressão exercida nessa estrutura?

Vejamos algumas aplicações dessa grandeza física fundamental.

>> APLICAÇÃO

Ao desenhar a planta de uma construção ou o trajeto de uma estrada em um mapa, há a necessidade de adaptar as medidas reais àquelas que as representam no papel. Assim, transformações na grandeza das escalas são necessárias, utilizando-se de uma relação de proporção. Por exemplo, suponha um ambiente de 8 m de comprimento por 4 m de largura. Utilizando a escala de 1:50, você precisa esquematizar esse ambiente em uma planta na escala de **centímetros**. Como realizar esse procedimento? Em primeiro lugar, você deve fazer a seguinte leitura da relação de proporção:

1:50 → uma unidade de medida equivale a cinquenta centímetros.

Outro passo será transformar em centímetros as medidas projetadas em metros, o que resulta em uma sala medindo 800 cm × 400 cm. A seguir, utilizam-se as seguintes relações matemáticas:

$$\frac{1}{50} = \frac{a}{800} \rightarrow a = \frac{800}{50} = 16 \text{ cm}$$

$$\frac{1}{50} = \frac{b}{400} \rightarrow b = \frac{400}{50} = 8 \text{ cm}$$

Então, o ambiente com as medidas reais será representado, no papel, pelas medidas 16 cm de comprimento e 8 cm de largura.

>> APLICAÇÃO

Considere uma tubulação dimensionada para uma vazão de 0,000594 m³/s. Qual será o valor dessa vazão em litros por segundo? Primeiramente, deve-se ter em mente as relações:

$$1 \text{ m}^3 = 1000 \text{ dm}^3$$

$$1 \text{ dm}^3 = 1 \text{ L}$$

Assim, obtém-se a vazão em litros por segundo:

$$0{,}000594 \frac{\text{m}^3}{\text{s}} = 0{,}000594 \times 1000 \frac{\text{dm}^3}{\text{s}} = 0{,}594 \frac{\text{dm}^3}{\text{s}} = 0{,}594 \frac{\text{L}}{\text{s}}$$

>> Massa

É comum presenciar, em uma obra, um operário realizar a mistura de cimento, areia, brita e água. Todos esses materiais juntos compõem uma mistura denominada **concreto**, que tem um determinado volume e uma determinada massa. A **massa**, que é definida como uma grandeza física fundamental, tem como unidade padrão o **quilograma** (kg).

Para medir a massa de materiais com formas e tamanhos diferentes, desde um átomo até uma pirâmide, foram definidos múltiplos e submúltiplos do quilograma, conhecidos como:

- o grama (g)
- o miligrama (mg)
- a tonelada (ton)

>> CURIOSIDADE

Às vezes, ouvimos: "Quero quinhentas gramas de tachinha". É importante você guardar que, na física, a palavra **grama**, quando tem o sentido de unidade de massa, é um substantivo masculino. Portanto, o correto é: "Quero quinhentos gramas de tachinha".

Na física, uma grandeza muito importante relacionada à massa é a **densidade** (veja a seção "Grandezas físicas derivadas", na pág. 12), que é a relação entre a massa do corpo e o volume que ele ocupa. Matematicamente, ela é descrita como

$$\rho = \frac{m}{V}$$

Para a construção civil, ao realizar o estudo dos agregados, há duas formas de apresentar essa densidade. Uma delas é a massa específica, representada pela letra grega gama (γ). A relação matemática da massa específica é

$$\gamma = \frac{\text{massa dos grãos}}{\text{volume ocupado pelos grãos}}$$

A outra forma de representar a densidade é por meio da massa unitária, representada pela letra d. Matematicamente, tem-se

$$d = \frac{\text{massa dos grãos}}{\text{volume dos grãos} + \text{volume de vazios entre os grãos}}$$

A Figura 1.1 mostra a representação esquemática dessas duas densidades. Observe que a massa específica está relacionada com o volume do material, enquanto que a massa unitária leva em consideração, nos cálculos, além do volume do material, o volume de vazios.

Quando se faz uma mistura de argamassa mista, são definidas proporções de volumes de cimento, cal hidratada e areia natural.

Por exemplo: considere uma argamassa mista com traço 1:1:8. A leitura dessa relação é um volume de cimento, para um volume de cal hidratada, para oito volumes de areia natural. Qualquer que seja a unidade de volume utilizada, a proporção deverá ser mantida.

Vamos a uma aplicação, relacionando duas grandezas fundamentais: comprimento e massa.

» APLICAÇÃO

Você está diante de um projeto para a construção de 16 pilares de concreto. Consta no projeto que houve uma programação com uma usina para o fornecimento de 80 m³ de concreto, entregues em 10 viagens de 8 m³, já considerando as perdas e amostragem para o laboratório de controle tecnológico.

Porém, na última entrega, foi constatado que um dos pilares ficou sem concreto. Realizou-se o contato com a usina para a entrega do volume de concreto faltante e para o devido esclarecimento do ocorrido. O departamento técnico da usina fez uma análise e encaminhou o levantamento dos dados. O Quadro 1.2 apresenta o traço de concreto elaborado pelo departamento técnico, em massa: 1: 1,86: 2,42: 0,44.

(continua)

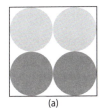 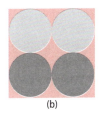

(a)   (b)

Figura 1.1 Representação esquemática da (a) massa específica, considerando somente o volume dos grãos, e da (b) massa unitária, considerando o volume dos grãos e o volume de vazios entre eles.

» APLICAÇÃO

(continuação)

Quadro 1.2 » Concreto elaborado pelo departamento técnico

Consumo de materiais para 1 m³ de concreto

Cimento	Areia	Brita 1	Água
420 kg	780 kg	1020 kg	185 kg

Massa específica dos componentes da mistura

Cimento CP II-40	Areia de rio	Brita de granito	Água SABESP
$\gamma = 3{,}15$ kg/dm³	$\gamma = 2{,}64$ kg/dm³	$\gamma = 2{,}64$ kg/dm³	$\gamma = 1{,}00$ kg/dm³

Os materiais utilizados pela equipe de produção da usina estão no Quadro 1.3.

Quadro 1.3 » Massa específica dos componentes da mistura

Cimento CP II – 40	Areia de granito	Brita de basalto	Água SABESP
$\gamma = 3{,}15$ kg/dm³	$\gamma = 2{,}70$ kg/dm³	$\gamma = 2{,}87$ kg/dm³	$\gamma = 1{,}00$ kg/dm³

Diante dos dados mencionados, qual seria a justificativa apresentada pela usina?

Lembrando que, na construção civil, uma grandeza física muito utilizada é a densidade, no caso, a massa específica, que resulta da razão entre a massa do material e o volume ocupado:

$$\gamma = \frac{m}{V}$$

onde:

γ: representa a massa específica (kg/dm³);

m: representa a massa do material (kg);

V: representa o volume ocupado pela substância ou líquido (dm³).

Utilizando o traço determinado pelo departamento técnico e os materiais especificados, é possível calcular o volume de concreto resultante:

» APLICAÇÃO

$$V_{T1} = \frac{\text{massa de cimento}}{\gamma_{\text{cimento}}} + \frac{\text{massa de areia}}{\gamma_{\text{areia rio}}} + \frac{\text{massa de brita}}{\gamma_{\text{granito}}} + \frac{\text{massa de água}}{\gamma_{\text{sabesp}}}$$

Substituindo os valores:

$$V_{T1} = \frac{420}{3,15} + \frac{780}{2,64} + \frac{1020}{2,64} + \frac{185}{1,00} \rightarrow V_{T1} = \simeq 1000 \text{ dm}^3$$

No entanto, ao substituir os materiais no momento da produção do concreto, com base no mesmo traço em massa, o volume da mistura resultou:

$$V_{T1} = \frac{\text{massa de cimento}}{\gamma_{\text{cimento}}} + \frac{\text{massa de areia}}{\gamma_{\text{areia granito}}} + \frac{\text{massa de brita}}{\gamma_{\text{basalto}}} + \frac{\text{massa de água}}{\gamma_{\text{sabesp}}}$$

$$V_{T2} = \frac{420}{3,15} + \frac{780}{2,70} + \frac{1020}{2,87} + \frac{185}{1,00} \rightarrow V_{T2} = \simeq 962 \text{ dm}^3$$

Pelos resultados obtidos, verifica-se uma diferença entre o volume calculado pelo departamento técnico da usina e o volume resultante da produção da usina. Ou seja, a diferença entre o V_{T1} e o V_{T2} implica na falta de concreto para completar cada metro cúbico, o que resulta em:

$$V_1 = V_{T1} - V_{T2} = 1000 - 962 \rightarrow V_1 = 38 \text{ dm}^3$$

Em termos práticos, se para cada metro cúbico de concreto para os pilares faltaram 38 dm³ ou 0,038 m³, então para o volume total de 80 m³ de concreto, o total faltante corresponde a:

$$1 \text{ m}^3 \rightarrow 0,038 \text{ m}^3$$
$$80 \text{ m}^3 \rightarrow X$$
$$X = 3,04 \text{ m}^3$$

Resolvendo a relação acima, observa-se que faltaram 3,04 m³ de concreto. A justificativa, segundo o departamento técnico da usina, foi a utilização de materiais diferentes da especificação, embora tenha sido mantido o mesmo traço.

Antes de apresentar outras grandezas físicas fundamentais, é importante destacar que a quantidade de matéria do corpo é representada pela massa e não pelo peso. Um corpo possui massa e peso, mas suas representações numéricas e de unidade são bem diferentes. Massa é uma grandeza física escalar, enquanto peso é uma grandeza física vetorial, que representa um tipo de força.

É comum ouvir que um saco de cimento tem peso de 50 kg. O que o saco possui é uma massa de 50 kg. Já o seu peso é de 500 N. No capítulo "Resistência e Estabilidade", trataremos mais detalhadamente da grandeza física **peso**.

» Corrente elétrica

Hora de ligar na tomada!

Sempre que ligamos algo na tomada, uma **corrente elétrica** passa pelo circuito, fazendo funcionar equipamentos importantes e necessários, como:

- motores de betoneiras
- guindastes com eletroímãs
- furadeiras
- lixadeiras

Para a corrente elétrica, o Sistema Internacional de Unidades definiu o **Ampère** (A), que relaciona a quantidade de cargas elétricas que atravessam um condutor em um determinado tempo.

Conhecer o valor da intensidade da corrente elétrica que um equipamento ou rede elétrica necessita permite, por exemplo, projetar adequadamente o tipo de instalação elétrica, especificar a bitola do fio para suportar a demanda ou determinar o diâmetro dos eletrodutos. Dependendo da quantidade de corrente elétrica demandada, cabos de bitolas maiores são necessários, pois facilitam o fluxo das cargas elétricas e evitam o aquecimento em demasia. Trata-se, portanto, de uma ação de atendimento às normas do dimensionamento de instalações elétricas e de segurança, com o objetivo de evitar acidentes.

Um caso típico de projeto mal dimensionado de uma instalação elétrica pode ser verificado ao ligar um chuveiro elétrico e, como consequência, a intensidade luminosa de uma lâmpada diminuir. Segundo a Associação Brasileira de Normas Técnicas (2004), é necessário que existam circuitos independentes para tomadas de uso geral (rádio, TV, liquidificador, p.ex.) e tomadas de uso específico (chuveiro e secadora, p.ex.).

Algumas grandezas físicas estão relacionadas com a grandeza fundamental corrente elétrica. É o caso da potência, do potencial elétrico ou da tensão, que serão abordadas com mais detalhes no capítulo "Instalações Elétricas".

>> Temperatura

Outra grandeza física fundamental relacionada ao conforto térmico de uma edificação é a **temperatura**. Ela está associada à quantidade de calor transferida entre ambientes e materiais ou, ainda, à escolha do material mais apropriado para utilizar como revestimento ou cobertura em diferentes situações e regiões.

A temperatura é definida como uma grandeza física fundamental pelo Sistema Internacional de Unidades (2012) e tem como unidade o **Kelvin** (K), baseado na escala termométrica desenvolvida por William Thompson (1824-1907), posteriormente denominado Lord Kelvin. No Brasil e em outros diversos países, a medida de temperatura é dada em outra escala, em outra unidade: o grau Celsius (°C). Já alguns países de colonização britânica utilizam a unidade da escala Fahrenheit (°F).

Na construção civil, sendo a temperatura um dos fatores que influencia no conforto térmico, a escolha do material a ser utilizado como condutor ou isolante térmico é de extrema importância, considerando sua **condutividade térmica**.

Outro fator que influencia a escolha do material a ser utilizado é a **dilatação térmica**, que pode causar danos (fissuras) quando não considerado adequadamente. Quanto maior for a variação de temperatura no local, maior será a variação das dimensões do material, ou seja, ao aumentar a temperatura de um corpo, seus átomos e moléculas adquirem uma energia que resulta em uma agitação, como se quisessem um "espaço maior" para se movimentarem. Veja mais detalhes no Capítulo 5.

> **>> DEFINIÇÃO**
> **Condutividade térmica** é a capacidade que o material tem de transportar o calor de um ponto a outro. Essa característica do material é determinante para que o ambiente atenda aos requisitos de conforto térmico estabelecidos em projeto. Quanto maior for o seu valor, mais facilmente o material transportará o calor de um ponto a outro.

>> Outras grandezas físicas fundamentais

Outras grandezas físicas também são consideradas fundamentais:

- Tempo
- Intensidade luminosa

Quando o homem se deu conta da mudança do dia para a noite, das fases da Lua, das épocas em que os ventos eram mais frequentes ou de dias mais quentes, relacionou esses fenômenos ao tempo. O Sistema Internacional de Unidades (2012) definiu que o **segundo** (símbolo s) se tornaria a unidade básica fundamental de tempo. A partir dela, foram criados múltiplos e submúltiplos, tais como século e centésimo de segundo.

> **>> DEFINIÇÃO**
> **Dilatação térmica** é a variação que um material sofre em suas dimensões (tamanho) causada por uma variação em sua temperatura. Ela depende das propriedades do material e é proporcional à variação de temperatura.

>> CURIOSIDADE

No Brasil, a hora correta é fornecida pelo relógio atômico do Observatório Nacional, que fica no Rio de Janeiro. Visite o ambiente virtual de aprendizagem para acessar o site do Observatório Nacional.

No que diz respeito à intensidade luminosa (cuja unidade é a **candela** – cd), existem padrões definidos pela Associação Brasileira de Normas Técnicas (2005a, 2005b, 2005c, 2005d) para que o ambiente possua o conforto necessário para leitura, por exemplo. Dependendo do ambiente, são especificadas as dimensões das aberturas para que a luz natural possa incidir e possibilitar a luminosidade adequada.

» Grandezas físicas derivadas

Das grandezas físicas fundamentais, surgem muitas outras, como, por exemplo:

- energia
- trabalho
- potência
- pressão
- tensão elétrica
- campo magnético
- resistência
- rendimento

O Quadro 1.4 mostra alguns exemplos e suas unidades. Muitas dessas grandezas são bem conhecidas. Se você conhecer a unidade da grandeza física que estiver utilizando ou estudando, pode relacioná-la com as grandezas físicas fundamentais.

Quadro 1.4 » Grandezas físicas derivadas das grandezas fundamentais

Grandeza	Unidade	Símbolo	Definição
Vazão (Q)	Metro cúbico por segundo	m^3/s	m^3/s
Densidade (ρ)	Massa por metro cúbico	kg/m^3	kg/m^3
Força (F)	Newton	N	$kg.m/s^2$
Pressão (p)	Pascal	Pa	N/m^2
Energia (E)	Joule	J	N.m
Potência (P)	Watt	W	J/s
Tensão elétrica (V)	Volt	V	W/A

O exercício a seguir relaciona-se com algumas das grandezas físicas do Quadro 1.4. Quando achar necessário, consulte esse quadro para observar as unidades de medida e suas definições.

>> APLICAÇÃO

O proprietário de uma pequena indústria necessita colocar uma máquina com carga de 3,5 kN sobre uma laje. Essa máquina tem dimensões de 1,2 m de comprimento, 0,54 m de largura e 1 m de altura. O proprietário, então, solicita que a laje seja projetada para acomodar uma carga de 4 kN por metro quadrado. A laje, se construída conforme solicitação do proprietário, suportará a carga da máquina?

Uma primeira consideração a fazer é que a palavra carga, descrita aqui no problema, está relacionada com o peso da máquina, pois a unidade fornecida é o newton (N) e, como sabemos, esta é a unidade para força.

Dizer que a laje acomoda uma carga de 4 kN por metro quadrado significa dizer que a laje suporta uma pressão de 4 kN/m^2. Desta informação ainda tiramos que, a cada metro quadrado, a laje deve suportar um peso de 4 kN ou, mais precisamente, um corpo com massa de 400 kg.

Então, a primeira questão é: seria possível determinar a área de contato da máquina com a laje? A resposta é sim, pois são fornecidas as dimensões da máquina: largura e comprimento. Então:

$$S = comprimento \times largura = 1,2 \times 0,54 = 0,648 \text{ m}^2$$

A máquina ocupará uma área de 0,684 m^2. Esta área estará recebendo a carga da máquina, que é de 3,5 kN. Utilizando uma regra de três, descobrimos qual seria a carga em uma área de um metro quadrado.

$$3,5 \text{ kN} \rightarrow 0,648 \text{ m}^2$$
$$X \text{ kN} \rightarrow 1 \text{ m}^2$$

Como resultado, encontramos o valor de 5,4 kN/m^2.

Agora reflita: se a laje for construída conforme a solicitação do proprietário, o que poderá acontecer?

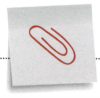

>> RESUMO

Neste capítulo, foram apresentadas grandezas físicas fundamentais. Além disso, vimos que, a partir delas, surgiram novas grandezas muito utilizadas no dia a dia. Um ponto importante que foi abordado diz respeito à relação estabelecida entre as diversas grandezas físicas, o que permite a definição de equações matemáticas entre elas. A representação das diferentes grandezas físicas por meio de letras auxilia na leitura, na medida em que simplifica os enunciados de problemas e a apresentação dos cálculos realizados para a sua solução. Este capítulo, além de apresentar as principais grandezas físicas utilizadas na construção civil, teve como propósito ressaltar a importância de se conhecer as relações entre as grandezas físicas e a definição da unidade. A partir desse conhecimento, é possível resolver problemas, mesmo que não se conheça todas as fórmulas da física ou não se compreenda como alguns fenômenos acontecem.

>> Atividades

1. Verifique se o concreto preparado com 1 saco de cimento, 3 caixotes de areia (25 cm × 40 cm × 28 cm), 4 caixotes de brita (25 cm × 40 cm × 31 cm) e 34 litros de água atende à determinação da equipe técnica para o consumo de 350 kg de cimento por metro cúbico.

    Dados:

    $\gamma_{cimento} = 3,02$ kg/L

    $\gamma_{areia} = 2,60$ kg/L

    $\gamma_{brita} = 2,75$ kg/L

    $d_{areia} = 1,6$ kg/L

    $d_{brita} = 1,40$ kg/L

2. Quantifique os materiais que deverão ser medidos, sem dispor de balança, para preparar um concreto de traço em massa 1: 2,6: 3,3: 0,60, a partir de um saco de cimento.

    Dados:

    $d_{areia} = 1,6$ kg/L

    $d_{brita} = 1,40$ kg/L

3. Como é determinada a massa específica de um agregado miúdo empregando o Frasco de Chapman? Apresente a sequência de procedimentos.

4. Calcule o volume ocupado e a massa específica de um concreto preparado a partir de:

cimento	areia	brita	água
100 kg	20 kg	300 kg	50 L

Dados:

$\gamma_{cimento} = 3.100 \text{ kg/m}^3$

$\gamma_{areia} = 2.700 \text{ kg/m}^3$

$\gamma_{brita} = 2.600 \text{ kg/m}^3$

$\gamma_{água} = 1.000 \text{ kg/m}^3$

5. Compare a massa específica (γ) e a massa unitária (*d*) de um mesmo agregado. Qual massa apresenta maior valor? Justifique essa diferença.
6. Calcule a quantidade de areia, em quilos, que deverá ser utilizada no preparo de um concreto com traço em massa 1: 2,8: 3,2: 0,58.

REFERÊNCIAS

ASSOCIAÇÃO BRASILEIRA DE NORMAS TÉCNICAS. *NBR 15215-1:* Iluminação Natural – Parte 1 – Conceitos básicos e definições. Rio de Janeiro: ABNT, 2005a.

ASSOCIAÇÃO BRASILEIRA DE NORMAS TÉCNICAS. *NBR 15215-2:* Iluminação Natural – Parte 2 – Procedimentos de cálculo para a estimativa da disponibilidade de luz natural. Rio de Janeiro: ABNT, 2005b.

ASSOCIAÇÃO BRASILEIRA DE NORMAS TÉCNICAS. *NBR 15215-3:* Iluminação Natural – Parte 3 – Procedimento de cálculo para a determinação da iluminação natural em ambientes internos. Rio de Janeiro: ABNT, 2005c.

ASSOCIAÇÃO BRASILEIRA DE NORMAS TÉCNICAS. *NBR 15215-4:* Iluminação Natural – Parte 4 – Verificação experimental das condições de iluminação interna de edificações – Método de medição. Rio de Janeiro: ABNT, 2005d.

ASSOCIAÇÃO BRASILEIRA DE NORMAS TÉCNICAS. *NBR 5410*: Instalações elétricas de baixa tensão. Rio de Janeiro: ABNT, 2004.

OBSERVATÓRIO NACIONAL. Divisão Serviço da Hora. *Hora Legal Brasileira*. Rio de Janeiro: ON, 2009. Disponível em: <http://pcdsh01.on.br/HoraLegalBrasileira.asp>. Acesso em: 08 ago. 2013.

SISTEMA Internacional de Unidades. Rio de Janeiro: Inmetro, 2012. Disponível em: <http://www.inmetro.gov.br/infotec/publicacoes/si_versao_final.pdf>. Acesso em: 08 ago. 2013.

LEITURAS RECOMENDADAS

ECO ENERGIAS DE PORTUGAL. *Casa nova?* [S.l.]: EDP, 2013. Disponível em: <http://www.eco.edp.pt/pt/particulares/conhecer/guia-pratico-para-a-casa-eficiente/casa-nova>. Acesso em: 08 ago. 2013.

INSTITUTO DE PESOS E MEDIDAS DO ESTADO DE SÃO PAULO. [Site]. São Paulo: IPEM, 2013. Disponível em: <http://www.ipemsp.com.br/>. Acesso em: 08 ago. 2013.

INSTITUTO NACIONAL DE METROLOGIA, QUALIDADE E TECNOLOGIA. *Unidades Legais de Medida*. [S.l.]: Inmetro, 2012. Disponível em: <http://www.inmetro.gov.br/consumidor/unidLegaisMed.asp>. Acesso em: 08 ago. 2013.

MILANESE, F. H. *Grandezas físicas e suas unidades.* Araranguá: CEFET, 2008. Disponível em: <https://wiki.ifsc.edu.br/mediawiki/images/8/82/Apostila_Fisica.pdf>. Acesso em: 08 ago. 2013.

OCHOA, J. H.; ARAÚJO, D. L.; SATTLER, M. A. Análise do conforto ambiental em salas de aula: comparação entre dados técnicos e a percepção do usuário. *Ambiente Construído*, v. 12, p. 91-114, 2012. Disponível em: < http://www.scielo.br/pdf/ac/v12n1/v12n1a07.pdf>. Acesso em: 08 ago. 2013.

OLIVEIRA, M. *Operações de Transferência.* [S.l.]: Marcelo Oliveira, 2003. Disponível em: <http://www.estv.ipv.pt/paginaspessoais/jqomarcelo/OT/UnidadesEConversoes.pdf>. Acesso em: 08 ago. 2013.

ORIGEM DA PALAVRA. [Site]. [S.l.: s.n.], 2013. Disponível em: <origemdapalavra.com.br>. Acesso em: 08 ago. 2013.

ROGADO, J. A grandeza quantidade de matéria e sua unidade, o mol: algumas considerações sobre dificuldades de ensino e aprendizagem. *Ciência & Educação*, v. 10, n. 1, p. 63-73, 2004. Disponível em: < http://www.scielo.br/pdf/ciedu/v10n1/05.pdf>. Acesso em: 08 ago. 2013.

UNIVERSIDADE FEDERAL DE SERGIPE. *Departamento de Física da UFS.* São Cristóvão: UFS, 2013. Disponível em: <http://dfi.ufs.br/>. Acesso em: 08 ago. 2013.

capítulo 2

Resistência e estabilidade

O objetivo do projeto de uma estrutura é permitir o pleno atendimento à sua função primária sem entrar em colapso e sem deformar ou vibrar excessivamente. Dentro desses limites, precisamente definidos pelas normas técnicas, a especificação dos materiais, o dimensionamento das estruturas e a definição do sistema construtivo são fatores importantes que, aliados ao conhecimento dos conceitos da física, permitirão o alcance do melhor uso dos materiais disponíveis, com base em parâmetros de segurança e de eficiência, bem como o menor custo possível de construção e manutenção da estrutura. Assim, este capítulo tem como propósito discutir conceitos da física sob a perspectiva de aplicação na construção civil.

Expectativas de aprendizagem
- Identificar as características dos sistemas estruturais.
- Verificar reações de apoio, em relação às cargas aplicadas.
- Aplicar conceitos de resistência dos materiais.
- Aplicar conceitos de estática.
- Avaliar sistemas construtivos para infraestrutura, identificando os tipos de fundações.
- Correlacionar resistência do solo e sistemas de fundações.

Bases Tecnológicas
- Tipos de carregamento e simbologia.
- Movimento e sustentação.
- Diagramas de esforços: cortante, normal e momento fletor.
- Noções de pré-dimensionamento de peças isostáticas de estruturas de concreto armado.
- Tipos de fundações.

Bases Científicas
- Movimentos sob a ação da gravidade.
- Momento de uma força (torque).
- Equilíbrio do corpo rígido.
- Centro de massa e a ideia de ponto material.
- Força de atrito, força peso e força normal de contato.
- Diagramas de forças.
- Ação e reação.
- Compressão e tração.

>> Introdução

Neste capítulo, serão abordados conceitos da mecânica relacionados com tensão, pressão, força, peso, equilíbrio estático e dinâmico, momento e centro de massa. Todos os projetos, como a ponte estaiada e a Torre Eiffel, exemplos que veremos a seguir, possuem embasamento científico em muitos conceitos de física, o que é necessário para que essas estruturas possam apresentar segurança e beleza, simultaneamente. Esses conceitos devem ser levados em consideração, independentemente de se construir a parede de uma casa ou uma plataforma *offshore* para extração de petróleo.

>> Movimento e sustentação

> **>> DEFINIÇÃO**
> **Estai** é um cabo grosso que serve para dar sustentação ao mastro de uma embarcação. No caso da ponte Octávio Farias de Oliveira, cada estai é formado por um conjunto de cabos de aço.

As duas partes curvas da ponte mostrada na Figura 2.1 estão suspensas por **estais**. No caso dessa obra, cada estai possui de 12 a 25 cabos de aço, e todos os estais possuem um ponto em comum: uma de suas extremidades está afixada na parte superior da torre.

Em alguns casos, não são os estais que auxiliam na sustentação de uma obra. Em geral, utilizam-se **vigas**, de dimensões diferentes, dispostas uma sobre outra, dando o formato de uma construção. A Figura 2.2 mostra o projeto da estrutura da Torre Eiffel. Cada uma das "pernas" foi construída sobre uma base de concreto projetada para suportar uma massa equivalente a 800 toneladas.

>> CURIOSIDADE

Alguns dados interessantes sobre a construção da ponte estaiada Octávio Frias de Oliveira:

- A obra foi projetada para suportar ventos com velocidade de até 250 km/h.
- Os dois trechos suspensos possuem comprimento de 900 m.
- Juntos, os estais, em um total de 144, possuem massa de 426.000 kg.
- Foram consumidos 58.700 m^3 de cimento ou o equivalente a 7.340 caminhões betoneira.

Figura 2.1 Ponte Octávio Frias de Oliveira.
Fonte: World Architecture Map (2008).

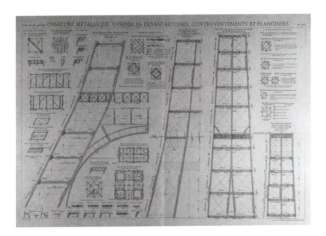

Figura 2.2 Concepção da construção da Torre Eiffel.
Fonte: Société D'Exploitation de la Tour Eiffel (2010).

>> CURIOSIDADE

Alguns dados interessantes sobre a construção da Torre Eiffel:

- Foram produzidos 1.700 desenhos de visão geral e 3.629 desenhos com detalhes da construção.
- A precisão exigida na posição dos furos foi especificada para 0,1 mm.
- Para os ângulos de corte das vigas, a precisão exigida foi de um segundo de arco.
- Ao todo, foram utilizadas 18.038 peças de ferro e 2,5 milhões de rebites.

» Força

> » **DICA**
> **Força** é uma grandeza física vetorial. Ela é descrita por meio de um número, uma unidade e um sentido.

Evidentemente, não é necessário conhecer todas as forças. Entretanto, é importante ter ideia de como as forças atuam nos fenômenos observáveis e saber que qualquer força possui a unidade newton (N), em homenagem ao físico e matemático inglês Isaac Newton (1642-1727).

» Força peso

Uma das forças mais conhecidas é a **força peso**. A Figura 2.3, por exemplo, mostra uma comparação de valores da força peso em locais com valores de aceleração da gravidade diferentes. Em física, peso é uma força que possui uma unidade, um valor e um sentido. Muita confusão é feita na utilização da palavra peso. Veja a frase: "No caso particular das fundações, a massa é substituída pelo peso que geralmente é indicado em Newton (N) ou quilograma-força (kgf)". Substituir a massa por peso, como diz a frase, é substituir uma **grandeza escalar** por uma **grandeza vetorial**. São duas coisas completamente diferentes. A expressão matemática que define a força peso é dada por:

$$\vec{P} = m\vec{g}$$

onde a massa (m) é dada em quilogramas (kg) e a aceleração da gravidade (g) é dada em m/s². A multiplicação dessas duas unidades resulta em Newton (N).

> » **DEFINIÇÃO**
> **Grandeza escalar** é uma grandeza apresentada por um número e uma unidade (p.ex, massa). Ao dizer "massa de 5 kg", tem-se a perfeita noção da quantidade de massa, não interessando se são 5 kg de pregos ou de algodão. Já para uma **grandeza vetorial** existe a necessidade de determinar uma direção e um sentido. Por exemplo, uma bexiga cheia de ar suporta uma força de 4 N, mas essa força atua de fora para dentro, de dentro para fora, na horizontal ou na vertical? Existe a necessidade de dar uma direção (horizontal ou vertical ou qualquer outra) e um sentido (de fora para dentro ou de dentro para fora).

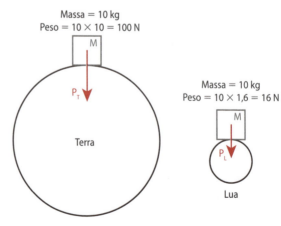

Figura 2.3   Comparação do valor da força peso em um corpo na Terra e na Lua.

» PARA REFLETIR

Afinal, ao subirmos em uma balança na farmácia, obtemos o peso ou a massa?

» Força, pressão e área

Muitas grandezas físicas relacionam-se com a força, e uma delas é a **pressão**. Você já presenciou essa relação de pressão com força, principalmente ao retirar detergente líquido de uma embalagem. Você realiza uma força apertando a embalagem, que resulta em uma pressão interna e faz o detergente líquido sair. A Figura 2.4 mostra a aplicação de uma força no prego e a pressão que a ponta do prego exerce sobre um corpo.

» **IMPORTANTE**
Muitas vezes são necessárias sapatas de pesos e tamanhos diferentes, em função das cargas da edificação e do tipo de solo.

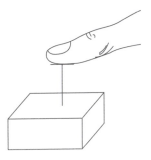

Figura 2.4 Quanto menor for a área de contato, maior será a pressão exercida sobre uma superfície.

Também é possível observar que **fundações** mal projetadas provocam desnível na estrutura da construção, pois as colunas não foram dimensionadas de acordo com a capacidade de suporte de carga do solo. Ao utilizar uma cavadeira, por exemplo, você aplica uma força de cima para baixo. As pontas de metal entram no solo e você completa o movimento para retirar determinado volume de terra. Nesse caso, a **força** empregada e o **peso** da cavadeira auxiliaram a entrada da parte metálica no solo, além da pequena **área** de contato entre as pás e o solo.

Então, vimos que a força se relaciona com a pressão e com a área, e esta relação é descrita matematicamente da seguinte forma:

» **DEFINIÇÃO**
Fundação é o elemento estrutural que tem por função transmitir a carga da estrutura ao solo, sem provocar ruptura do terreno ou do próprio elemento de ligação e cujos recalques possam ser satisfatoriamente absorvidos pelo conjunto estrutural.

$$p = \frac{F}{A}$$

21

Essa expressão matemática fornece as seguintes informações: para diminuir a pressão exercida sobre uma superfície, pode-se diminuir a força aplicada ou aumentar a área de contato. No caso da necessidade de aumentar a pressão, aumenta-se a força aplicada ou diminui-se a área de contato.

>> PARA REFLETIR

Imagine o que ocorreria se o projetista da Torre Eiffel errasse no cálculo da base de concreto de maneira a não suportar a pressão de 45 N/cm². Com certeza, após algum tempo, toda a massa da torre pressionaria o solo, causando um deslocamento vertical na fundação.

Suportar uma pressão de 45 N/cm² significa colocar 4,5 kg de açúcar, por exemplo, sobre uma área de 1 cm de lado. Você consegue imaginar isso? Pense na comparação entre as pressões exercidas pelas quatro patas de um elefante e a ponta dos pés de uma bailarina. Pode-se dizer em qual caso a pressão exercida é maior?

>> APLICAÇÃO

Antes de continuar, vejamos uma situação real em que ocorre a relação entre pressão, força, força peso e área. Você é responsável pelo dimensionamento de uma base de apoio para um pilar de 25 cm × 25 cm, que deverá sustentar um peso de 240 kN. Sabe-se que o solo sob a base de concreto suporta uma pressão de 0,10 MPa. Primeiro, sabe-se que peso é um tipo de força e que existe uma relação entre pressão e força. Então:

$$p = \frac{F}{A} \rightarrow A = \frac{F}{p} = \frac{240\,k}{0,10\,M} = \frac{240 \times 10^3}{0,10 \times 10^6} = 2,4\,m^2$$

Você determinou que o valor da área da base é 2,4 m². Como o pilar tem a base quadrada, haverá uma distribuição do peso por toda a área determinada. Assim, sua base também será quadrada. Sabendo o valor da área do quadrado, para determinar seu lado:

$$l = \sqrt{A} = \sqrt{2,4} \Rightarrow l \approx 1,55\,m$$

Feitos os cálculos, após verificar os valores e analisá-los, resta você informar que a base para o pilar deve ter 1,55 m de lado para que o pilar seja construído e ofereça toda a segurança a quem for utilizar a estrutura.

» Força de ação e força de reação

Algumas atividades, como empurrar um carrinho com areia, martelar um prego, suspender uma viga com guindaste e escavar com uma pá ou enxada, parecem não ter tanta relação entre si. Entretanto, a **força** as relaciona.

Um sistema de pilares sustentando uma viga, por exemplo, sofre a ação de duas forças: a **força de ação** e a **força de reação**. Quando o sistema encontra-se em equilíbrio, as forças têm mesmo valor numérico e estão aplicadas em sentidos opostos. Caso uma das forças seja maior, os elementos estruturais que compõem o sistema podem sofrer deformação ou entrar em movimento. Um exemplo de um sistema em equilíbrio está representado na Figura 2.5.

» APLICAÇÃO

Procure identificar quantos pares de força – ação e reação – existem ao se retirar um *pallet* de blocos cerâmicos de um caminhão e o colocar na calçada.

» Força de atrito

Ao projetar uma rampa de acesso para cadeiras de rodas, leva-se em conta a inclinação e o tipo de material a ser utilizado no piso. Superfícies extremamente lisas não darão segurança aos usuários, pois eles poderão escorregar. Já os praticantes de alguns esportes, como o esqui, preferem as superfícies lisas, pois permitem atingir maior velocidade ao final da descida.

Figura 2.5 Templo de Atenas, Grécia, em restauração. Observe as colunas sustentando a viga.

Enquanto um grupo de pessoas não quer escorregar pela rampa, o outro grupo adoraria. Para satisfazê-los, entra em cena a **força de atrito**, que dificulta ou facilita o movimento de um objeto sobre outro ou sobre uma superfície. Essa força atua em sentido contrário ao do movimento, como você pode ver na Figura 2.6.

Tira-se proveito dessa força, por exemplo, ao se apoiar vigas em pilares, caixas d'água sobre lajes ou mesmo um tijolo sobre outro. Neste último caso, a colocação da massa entre os tijolos impede que eles sofram deslocamentos laterais.

>> PARA REFLETIR

O que pode influenciar a força de atrito?

>> APLICAÇÃO

Vejamos o que pode influenciar a força de atrito. Suponha uma caixa d'água de 1.000 litros com massa de aproximadamente 22 kg sobre a superfície de uma laje (concreto). Há a possibilidade de movimentá-la arrastando-a sobre a superfície, ou seja, aplicando uma força paralela à superfície para realizar um deslocamento.

Ao enchermos a caixa com água, ela chega à massa de 1.022 kg. Percebe-se que ficou mais difícil deslizar a caixa d'água agora, pois houve um considerável aumento de sua massa, consequentemente, de peso. Então, a força de atrito está relacionada com a força peso. A equação matemática que expressa a força de atrito é dada pela expressão:

$$f_{at} = \mu N$$

Vamos utilizar a caixa d'água para exemplificar a ação dessa força. Há dois casos que podemos estudar: (a) caixa d'água vazia ou (b) com capacidade total. Considerando que o **coeficiente de atrito** entre a caixa d'água e a superfície da laje tenha valor 0,62, utilizando a equação anterior:

(a) $\quad f_{at} = \mu N = 0{,}62 \times 22 \times 10 = 136{,}4 \, N$

(b) $\quad f_{at} = \mu N = 0{,}62 \times 1022 \times 10 = 6336{,}4 \, N$

No caso (a), a força de atrito impõe uma resistência que equivale a empurrar uma massa de 13,64 kg. No segundo caso (b), uma massa de 633,64 kg.

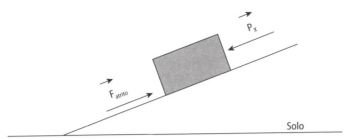

Figura 2.6 Uma componente da força peso quer deslizar a caixa para baixo, enquanto a força de atrito tenta impedir que a caixa deslize.

O fato de a força de atrito atuar em sentido contrário ao movimento não quer dizer que seja uma força que atrapalhe o movimento. No momento em que se acionam os freios de um carro, a força de atrito que atua nas pastilhas de freios no disco das rodas é fundamental para diminuir a velocidade do carro.

> **DEFINIÇÃO**
> **Coeficiente de atrito** é um fator que determina o quanto uma superfície facilita o deslocamento de um corpo sobre ela.

» Força gravitacional e força elástica

A **força gravitacional** é responsável por levar os objetos a se posicionarem mais próximos do centro da Terra, ou seja, é ela que faz os objetos caírem (veja a Figura 2.7). Curiosamente, também é essa força que auxilia a Terra a continuar seu movimento de translação ao redor do Sol ou que faz um satélite a permanecer ao redor da Terra.

Essa força também está presente em desmoronamentos e deslizamentos de terra. Sabemos que o que faz com que o solo permaneça coeso, dentre outros fatores, é o atrito existente entre as partículas que o constituem e entre estas e o leito de rocha. Assim, ocorrerá o deslizamento quando a força da gravidade atuando sobre a encosta for superior à força de atrito existente entre as partículas.

> **ATENÇÃO**
> Geralmente, confunde-se **peso** com **força gravitacional**. No entanto, são duas grandezas diferentes. A força gravitacional é uma interação entre dois objetos quaisquer. Já o peso é o resultado de uma medida feita, ou seja, pesar um objeto.

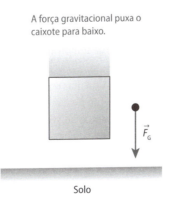

Figura 2.7 Gravidade.
Fonte: Knight (2009).

A **força elástica** é responsável por comprimir e distender um material (veja a Figura 2.8). Para medir a massa de um saco de cimento ou de uma quantidade de ferro utiliza-se uma balança, que possui uma mola que se deforma e fornece um valor de massa em quilogramas, por exemplo. Essa mola se comprime e se distende após a retirada do material.

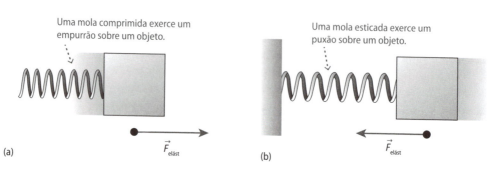

Figura 2.8 A força elástica de uma mola.
Fonte: Knight (2009).

Podem ocorrer casos em que a mola distende tanto que acaba rompendo. Este rompimento é análogo ao de uma corda, por exemplo. Entretanto, esta tensão não está apenas em cordas. Esse tipo de força também é encontrado em estruturas como as pontes, conforme mostra a Figura 2.9.

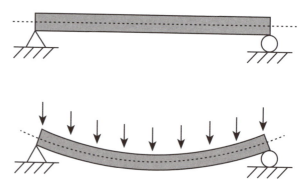

Figura 2.9 Viga biapoiada com carga uniformemente distribuída.

Existem outros tipos de força além das descritas aqui. Mas, com certeza, todas elas podem causar movimento, independente de direção e sentido. E para o caso de construções, não se deseja que a força atue no sentido de movimentar a obra. A intenção principal é que as forças que atuam na construção permitam que ela seja segura e que permaneça em equilíbrio, ou seja, que a soma total das forças que atuam – a resultante – tenha valor zero.

» Força resultante

Existem pelo menos duas maneiras de você deixar um lápis sobre uma mesa: deitado ou em pé. Ao optar por deitar o lápis, caso a superfície da mesa esteja nivelada, ele permanecerá em repouso, sem movimento. Isso significa dizer que a **força resultante** no lápis vale zero, ou seja, é nula.

Se quiser colocar o lápis em pé, é necessário deixá-lo em equilíbrio. Estando em equilíbrio, ele permanecerá em repouso – ou seja, força resultante nula – até que alguma força o coloque em movimento. Este exemplo pode ser comparado à construção de uma coluna ou pilar. Em ambos os casos, há a ação da força gravitacional, que é uma força de interação entre massas. No caso, podemos considerar a massa do lápis interagindo com a massa da Terra.

> » **DEFINIÇÃO**
> **Força resultante** é a soma de todas as forças que atuam no corpo, levando em consideração a direção, o sentido e a intensidade de cada uma delas.

» Centro de massa

Você pode colocar uma régua em equilíbrio na ponta de um dedo. Neste caso, você conseguiu determinar um ponto no corpo da régua em que todas as forças são aplicadas para mantê-la em repouso. Esse ponto recebe o nome de **centro de massa** ou **centro de gravidade**. Observe a Figura 2.10.

Figura 2.10 O objeto se mantém em equilíbrio apoiado em apenas um ponto.

> **>> PARA REFLETIR**
>
> O que acontece se o ponto de apoio se deslocar do centro de massa?

>> Momento fletor

Observe a Figura 2.11: nela é possível visualizar que um ponto de apoio é o próprio solo e o outro ponto de apoio está representado pela coluna metálica. Se a base de sustentação da coluna não for projetada adequadamente para suportar e transmitir ao solo a carga colocada sobre ela, inicia-se um processo de "afundamento" e, consequentemente, um movimento circular, denominado **momento fletor**.

Matematicamente, o valor do momento fletor é determinado pela seguinte expressão:

$$\vec{\tau} = \vec{F} \times b$$

onde:

- $\vec{\tau}$ representa o torque da força F e tem como unidade Nm;
- $\vec{F}$ é a força, em newtons, aplicada em um ponto a uma distância da referência;
- b é a distância, em metros, onde se aplica a força.

Figura 2.11 As colunas metálicas impossibilitam a ação do momento fletor.
Fonte: Diniz (2010).

A Figura 2.12 mostra a aplicação de uma força em dois pontos diferentes de uma chave de boca. Seu esforço para apertar a porca será menor se você aplicar a força no ponto mais longe da porca. Essa noção você tem por experiência própria, pois utiliza o fato de ter um "braço" maior como alavanca. Isso possibilita um torque maior e faz você apertar a porca com menos esforço.

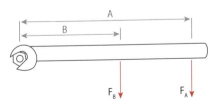

Figura 2.12 Representação esquemática do momento fletor produzido pela aplicação de forças.

Em algum instante do seu trabalho, você estará diante de um projeto para dimensionar ou calcular apoios para que sustentem uma viga. Nesses casos, você deve utilizar os conhecimentos sobre **momento fletor**. Vejamos um exemplo.

>> APLICAÇÃO

O proprietário de uma empresa solicitou que você projetasse um suporte para pendurar uma placa de sinalização utilizando uma viga homogênea de madeira com uma das extremidades fixa em uma parede. Perto da outra extremidade, a viga deverá ser suspensa por um cabo, conforme ilustra a Figura 2.13.

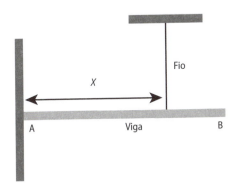

Figura 2.13 Diagrama da construção solicitada.

(continua)

» APLICAÇÃO
(continuação)

O comprimento da viga AB é de 1 m e sua massa é de 3 kg. O proprietário forneceu um fio que suporta um peso de 40 N e que será preso a uma distância X do ponto fixo A. Na extremidade B, ele quer pendurar a placa de sinalização de massa igual a 2 kg. Assim, encontre a distância X, a partir do ponto fixo A, em que deve ser colocado o fio.

Em primeiro lugar, há dois pontos de apoio para a viga: na parede e no fio. Ao cortar o fio, a viga irá girar no sentido horário sob a ação da força peso da viga e da placa de sinalização. Calculemos, então, o torque devido a estas duas forças. Determinemos o valor do torque devido à força **peso da viga**.

$$\tau_{viga} = F \times b = P \times b = m \times g \times b = 3 \times 10 \times 0{,}5 \rightarrow \tau = 15 \text{ Nm}$$

Agora, o valor do torque devido à força **peso da placa de sinalização**.

$$\tau_{vaso} = F \times b = P \times b = m \times g \times b = 2 \times 10 \times 1 \rightarrow \tau = 20 \text{ Nm}$$

Observe que, para calcular o torque da viga, foi utilizada a distância b de 0,5 m, ou seja, metade do comprimento total da viga. Considerou-se que todo o peso da viga estaria concentrado em seu centro de massa, uma vez que a barra é homogênea. Vamos determinar, agora, o torque causado pela tensão do fio, que provocaria um movimento na barra no sentido anti-horário, uma vez que sua força tem sentido de baixo para cima.

$$\tau_{fio} = F \times b = P \times b = 40 \times x \rightarrow \tau = 40\,x$$

Para que a barra fique em equilíbrio, a soma dos torques em um sentido deve ser igual à soma dos torques no sentido oposto. Portanto:

$$\tau_{fio} = \tau_{viga} + \tau_{vaso}$$

$$40x = 20 + 15$$

$$V_{T1} = \frac{35}{40} \rightarrow x = 87{,}5 \text{ cm}$$

Assim, deve-se prender o fio a uma distância de 87,5 cm do ponto fixo A.

» EXEMPLO

De acordo com a Figura 2.14, uma viga está apoiada em dois pontos. Para que a viga não se desloque ou mesmo para que os apoios estejam preparados para receber uma carga de 80 kN, você deve calcular o valor da força que atua em cada um dos pontos de apoio.

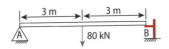

Figura 2.14   Diagrama de forças.

Relembrando: para que todo esse sistema permaneça em repouso, é necessário que a soma das forças que atuam nele seja igual a zero ou, então, que a soma das forças que atuam em um sentido seja igual à soma das forças que atuam no sentido oposto. Então, tomando por base o ponto de apoio A, tem-se

$$\sum M_A = 0$$

Existem duas forças que atuam na viga, tomando o ponto A como referência. Uma delas é a carga de 80 kN. A outra é a força reação que o ponto B aplica na viga, F_B. Como as duas forças atuam em sentido oposto

$$\sum M_A = d_B F_B - d_P P = 0$$

ou

$$d_B F_B = d_P P$$

Substituindo os valores, na relação anterior, tem-se

$$6 \times F_B = 3 \times 80 \times 10^3$$

e obtém-se como resultado

$$F_B = 40 \times 10^3 \rightarrow F_B = 40 \text{ kN}$$

(continua)

» EXEMPLO

(continuação)

Realizando o mesmo procedimento, agora tendo o ponto B como ponto de referência

$$\sum M_B = 0$$

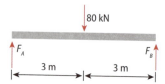

Figura 2.15 O diagrama das forças que atuam na viga para que ela se mantenha em repouso.

Observando a Figura 2.15, construímos a relação de forças como

$$d_A F_A = d_P P$$

ou

$$6 \times F_A = 3 \times 80 \times 10^3$$

E tem-se como resultado

$$F_A = 40 \times 10^3 \rightarrow F_A = 40 \text{ kN}$$

Isso significa dizer que cada apoio deve suportar uma carga de 40 kN para que todo o sistema permaneça em repouso.

» Sobre algumas edificações

Muitos conceitos de física, principalmente os relacionados com força, estão presentes nas edificações e no processo de construção. Por exemplo, o vídeo de Madrid mostra um edifício baseado na distribuição de forças ao longo de sua altura. Nesse edifício, localizado na Plaza Castilla, há os conceitos físicos de pressão – que a base está sujeita em diferentes pontos, tração – das barras de ferro utilizadas em cada andar, força de resistência de materiais, força gravitacional, peso, momento fletor e centro de massa. Além disso, algumas técnicas são utilizadas para corrigir as edificações que sofreram influência de algum tipo de força. Os vídeos das cidades de Santos e de Manila mostram como as construções sofrem influência da força gravitacional, da pressão, da tensão e da força de resistência de determinados materiais.

» NO SITE
Para assistir aos vídeos, visite o ambiente virtual de aprendizagem Tekne (**www.bookman.com.br/tekne**).

» RESUMO

Neste capítulo, abordamos conceitos da Mecânica relacionados com tensão, pressão, força, peso, equilíbrio estático e dinâmico, momento e centro de massa. Discutimos, por meio de exemplos, a questão do equilíbrio de estruturas, distribuição de cargas, cálculo de reações de apoio, além dos aspectos relativos à segurança. As situações apresentadas buscaram identificar as diferentes características dos sistemas estruturais, considerando as cargas aplicadas à luz dos conceitos de estática.

Atividades

1. O termo **força cortante** refere-se ao fato da força ser aplicada em um ponto do corpo que está apoiado em outros dois pontos diferentes entre si. Na Figura 2.16, observa-se a força cortante representada pela força peso, aplicada em uma viga que está apoiada em dois pontos, A e B.

   Assim, se o peso tem valor de 400 kN, determine as reações – força de reação – nos pontos de apoio A e B para que a viga permaneça em repouso.

   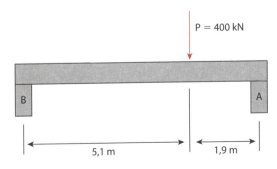

   Figura 2.16 Viga sustentada por dois pontos de apoio.

2. Você lembra que torque e momento fletor possuem o mesmo significado em edificações? Trata-se de uma força que provoca um movimento circular. Assim, a Figura 2.17 apresenta uma situação em que uma viga com cargas uniformemente distribuídas – 0,6 kN/m – está apoiada em dois pilares, distantes 50 m entre si. Determine o momento fletor no ponto C, distante 30 m do ponto A devido à carga distribuída.

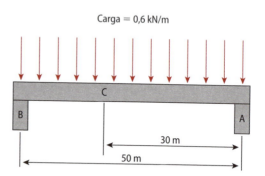

Figura 2.17 Viga com carga distribuída uniformemente.

3. Várias pontes ou viadutos possuem a treliça como sistema de sustentação, conforme ilustra a Figura 2.18. A partir dela, identifique as seções em que atua a tração e aquelas em que atua a compressão.

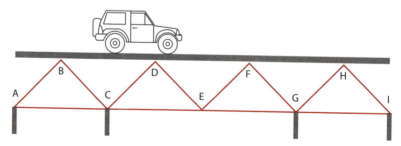

Figura 2.18 Esquema da utilização de treliças em pontes.

4. A partir da análise da estrutura apresentada na Figura 2.19(a), em que temos uma viga de concreto armado apoiada em dois pilares, faça a correspondência da situação de esforço identificada em cada um dos pontos numerados no corte transversal AA' da viga [Figura 2.19(b)].

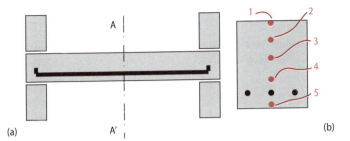

Figura 2.19 (a) Representação esquemática da viga apoiada em dois pilares; (b) visão do corte AA'.

Ponto 1	Zona de concreto levemente tracionado
Ponto 2	Zona de concreto fortemente tracionado
Ponto 3	Zona de concreto fortemente comprimido
Ponto 4	Zona sem tração, sem compressão, mas com cisalhamento
Ponto 5	Zona de concreto levemente comprimido

5. Você agora tem a seguinte situação: uma viga é apoiada em dois pontos e a distribuição de carga, por toda a viga, é constante e uniforme valendo 10 kN por metro, conforme mostra a Figura 2.20. Você deve, portanto, encontrar o valor que cada ponto de apoio deve suportar para que o sistema permaneça em repouso. Lembre-se de que a distribuição uniforme de carga significa que a cada metro há uma carga de 10 kN. Considere, também, o fato de que todo o peso de um corpo regular e uniforme pode ser aplicado em seu centro de massa.

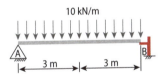

Figura 2.20 Diagrama da distribuição de carga por toda a viga.

REFERÊNCIAS

DINIZ, J. *FP house*. Belo Horizonte: João Diniz Arquitetura, 2010. Disponível em: <http://joaodiniz.wordpress.com/tag/leonardo-finotti/>. Acesso em: 28 ago. 2013.

KNIGHT, R. D. *Física*: uma abordagem estratégica. Porto Alegre: Bookman, 2009. v. 1.

SOCIÉTÉ D'EXPLOITATION DE LA TOUR EIFFEL. *La Tour Eiffel*. Paris: SETE, 2010. Disponível em: <http://www.tour-eiffel.fr/>. Acesso em: 08 ago. 2013.

WORLD ARCHITECTURE MAP. *Octavio Frias de Oliveira Bridge*. [S.l: s. n.], 2008. Disponível em: <http://www.worldarchitecturemap.org/buildings/octavio-frias-de-oliveira-bridge>. Acesso em: 17 set. 2013.

LEITURAS RECOMENDADAS

PRÉDIO torto de Santos é colocado na posição correta. [Exibido no Jornal Nacional de 27 jan. 2011.] [S.l.: s.n.], 2011. Disponível em: <http://www.youtube.com/watch?v=damUuclQpC4>. Acesso em: 08 ago. 2013.

SISTEMAS Estruturais: resistência dos materiais e das estruturas. Curitiba: PUCPR, 2000. Disponível em: <http://www.lami.pucpr.br/cursos/estruturas/>. Acesso em: 08 ago. 2013.

SOARES, M. *Forças de atrito*. [S.l.]: Marcos Soares, 2007. Disponível em: <http://www.mspc.eng.br/mecn/fric_120.shtml>. Acesso em: 08 ago. 2013.

UNIVERSIDADE FEDERAL DE SERGIPE. *Departamento de Física da UFS*. São Cristóvão: UFS, 2013. Disponível em: <http://www.fisica.ufs.br/egsantana/dinamica/rozamiento/general/rozamiento.htm>. Acesso em: 08 ago. 2013.

» capítulo 3

Instalações elétricas

Quando se projeta uma edificação, uma das preocupações é o dimensionamento de sua instalação elétrica. É fundamental que não ocorra excesso no aquecimento dos fios, que podem derreter o plástico que os envolve e provocar um curto-circuito. Alguns conceitos de eletricidade são importantes para que seja oferecida segurança aos futuros usuários e durante a instalação da rede elétrica interna. Neste capítulo, abordaremos alguns exemplos e sua relação com os conceitos de física.

Expectativas de aprendizagem
- » Dimensionar instalações elétricas residenciais.
- » Calcular diferença de potencial, intensidade de corrente, resistência, potência e fatores de potência e demanda em instalações elétricas.
- » Aplicar terminologia técnica em projetos executivos de instalação elétrica predial.
- » Elaborar memoriais descritivos.

Bases Tecnológicas
- » Dimensionamento de projetos de instalações elétricas residenciais.
- » Conceitos, identificação e controle de circuitos elétricos.
- » Levantamento de cargas elétricas, padrão de entrada, quadro de distribuição, simbologia, circuito de distribuição, condutores elétricos, aterramento, planejamento de eletrodutos.
- » Sistema de proteção e controle de circuitos: disjuntores, interruptores, minuterias, etc.
- » Noções de luminotécnica.
- » Normas técnicas de execução e segurança aplicáveis em instalações elétricas prediais.
- » Eficiência energética em edificações.

Bases Científicas
- » Fenômenos elétricos e magnéticos.
- » Carga elétrica e corrente elétrica.
- » Lei de Ohm.
- » Efeito Joule.
- » Resistividade e condutividade.
- » Campo elétrico e potencial elétrico.
- » Relações entre grandezas elétricas: tensão, corrente, potência e energia.
- » Circuitos elétricos simples.
- » Corrente contínua e corrente alternada.

❯❯ Introdução

Até um período da história do homem, o fogo era a principal fonte de energia de luz e de calor. Quando o homem conseguiu dominar e produzir artificialmente esses dois tipos de energia, surgiu a **eletricidade**, que teve um papel fundamental em sua vida. Hoje, quase toda a tecnologia que utilizamos e visualizamos necessita de eletricidade. Na realização de um projeto, são considerados alguns fatores, como os locais ou a distribuição da rede elétrica, levando em conta se estarão ligados separadamente ou ao mesmo tempo:

- equipamentos
- instrumentos elétricos
- eletrodomésticos

Em algumas situações, observa-se que a intensidade luminosa de uma lâmpada diminui ao ligar um forno micro-ondas ou um chuveiro elétrico. Isso claramente representa uma má distribuição de energia elétrica. Com certeza, as normas previstas na Associação Brasileira de Normas Técnicas (2004) não foram atendidas, ou seja, os circuitos não foram projetados de forma independente.

❯❯ PARA REFLETIR

Imagine ter que desligar a TV quando alguém for tomar banho a fim de que o disjuntor não "caia" e todo o fornecimento de energia elétrica para os cômodos não seja cortado? Para que isso não ocorra, é importante fazer um dimensionamento correto dos circuitos elétricos nos projetos de construção civil. Fios e bitolas fora dos padrões acarretam prejuízos e perdas.

Neste capítulo, alguns tópicos importantes serão abordados, apresentando conceitos e fornecendo subsídios para consolidar seus conhecimentos adquiridos em experiências próprias ou em discussões com seus colegas.

❯❯ Carga elétrica

Se você não conhece, vale a pena ler a crônica de Andrade (1980) intitulada *Carta a uma senhora*, em que uma garota procura encontrar um presente ideal para sua mãe. Dentre os presentes descritos estão:

- colar de pérolas
- aparelho de som
- perfumes
- *grill*
- máquina de lavar louça ou roupa
- meias ou luvas
- secador de cabelo

Entretanto, como ela tinha pouco dinheiro, decidiu dar um beijo "carinhosão".

Observe que vários dos itens da lista de presente são aparelhos que necessitam de energia elétrica, mais precisamente de **carga elétrica**, para que possam funcionar, ou seja, a carga elétrica dos átomos, os mesmos que constituem toda a matéria. Para se ter uma ideia do tamanho do átomo, a bolinha da ponta de uma caneta tem, aproximadamente, 1 000 000 000 000 000 000 de átomos. Se o átomo tivesse o tamanho de um ponto (.), a bolinha da ponta da caneta teria, aproximadamente, 10 Km de diâmetro.

>> PARA SABER MAIS

Vale a pena ler o artigo de Ostermann e Cavalcanti (2001) *Um pôster para ensinar Física de Partículas na escola*, sobre a quantidade de partículas que possuem carga elétrica. O artigo foi escrito por Ostermann, do Instituto de Física da UFRGS, e Cavalcanti, do Centro Universitário La Salle, Canoas/RS.

>> Corrente elétrica

Se átomos são muito pequenos, as cargas elétricas que giram ao redor deles são menores ainda. A Figura 3.1 mostra a ordem de grandeza do raio de um átomo de cobre e de um elétron.

Quando vários desses elétrons do cobre, principalmente aqueles mais distantes do núcleo, iniciam um movimento ordenado em um mesmo sentido, tem-se um fluxo de cargas elétricas ou, como é mais conhecido, uma **corrente elétrica**.

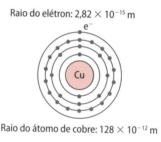

Figura 3.1 Diagrama de um átomo de cobre e as medidas dos raios.

A corrente elétrica é transportada de um ponto a outro. Às vezes isso ocorre com maior ou menor facilidade devido ao material ser **condutor** ou **isolante**. Geralmente, os metais são bons condutores, enquanto que o isopor, a porcelana ou o plástico não possibilitam que a corrente elétrica flua com facilidade por eles. A Figura 3.2 exemplifica um material condutor envolto por um material isolante.

Um outro fator que contribui para o movimento das cargas elétricas por um condutor é a **diferença de potencial**, presente em tomadas ou em terminais de uma bateria. Ao conectar o *plug* de um equipamento na tomada, dá-se condições para que o equipamento receba uma quantidade de cargas elétricas suficiente para fazê-lo funcionar.

Em determinado instante da história, alguns cientistas perceberam a movimentação ordenada de cargas elétricas quando expostas a uma diferença de potencial. Com base nisso, o físico francês André-Marie Ampère (1775-1836), considerado um dos fundadores do eletromagnetismo, determinou como medir esta corrente elétrica e, após estudos cuidadosos, conseguiu expressar matematicamente essa intensidade de corrente elétrica da seguinte forma:

$$i = \frac{\Delta q}{\Delta t}$$

Assim, o valor da corrente elétrica é dado por uma relação entre o número de cargas elétricas que atravessam uma região por um determinado período de tempo, o que, em outras palavras, quer dizer um **fluxo de cargas elétricas**, como mostra a Figura 3.3. Para a grandeza física corrente elétrica atribuiu-se como unidade o Ampère (A).

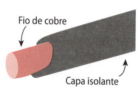

Figura 3.2 O cobre é o material condutor envolto por uma capa isolante.

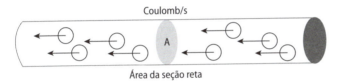

Figura 3.3 Representação do fluxo de cargas elétricas em um condutor.

>> Lei de Ohm

Tendo conhecimento de que existem materiais condutores e não condutores e que, a partir desse fato, cada um deles permite mais ou menos uma movimentação de cargas elétricas em seu interior, supôs-se que há certa *resistência* à passagem das cargas elétricas.

Georg Simon Ohm (1789-1854), físico e matemático alemão, pesquisou os estudos realizados por Luigi Aloisio Galvani (1737-1798), físico italiano, relacionados a circuito elétrico. Após vários experimentos e reflexões, encontrou uma relação matemática relacionando a corrente elétrica com a diferença de potencial, que passaremos a chamar de **tensão**.

$$V = R \times i$$

Essa relação matemática, denominada **Lei de Ohm**, diz que, se a tensão aplicada em uma resistência elétrica aumenta, também há um aumento na intensidade da corrente elétrica que atravessa essa resistência ou condutor. A Figura 3.4 mostra o esquema de um circuito elétrico que fornece a relação da Lei de Ohm.

Assim, a **resistência elétrica** é um dos fatores responsáveis que limita a passagem de corrente elétrica em um circuito. Essa resistência elétrica pode ser apenas um fio, como nos chuveiros, ou muitos fios, como os que compõem, por exemplo, as bobinas dos motores elétricos. É a partir da Lei de Ohm que derivam algumas relações matemáticas para determinar, por exemplo:

>> **IMPORTANTE**
Quando um raio gerado por uma tempestade consegue acessar a rede elétrica, uma enorme quantidade de cargas elétricas é colocada em movimento. Dessa forma, a corrente elétrica que chega às tomadas das residências não percebe qualquer tipo de resistência de fios ou componentes eletrônicos, invadindo e danificando os diferentes tipos de circuitos elétricos ligados à tomada. Por isso da necessidade de para-raios adequadamente projetados e instalados para que consigam atrair essas cargas elétricas e direcioná-las para o solo.

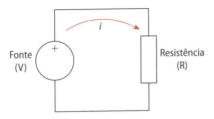

Figura 3.4 Representação esquemática de um circuito elétrico.

- a bitola do fio a ser utilizado na instalação para evitar seu aquecimento;
- o quanto de corrente elétrica deve ser distribuído para cada tomada, sem que afete a segurança;
- o quanto de potência é necessário para um motor girar uma betoneira;
- o porquê da necessidade de sistemas trifásicos em determinadas construções;
- qual tipo de cabo e metragem deve ser destinado à instalação de um sistema de para-raios seguro.

>> Efeito Joule

Assim como você realiza trabalho ao erguer um balde com argamassa utilizando uma roldana suspensa, em um circuito elétrico "alguma coisa" também movimenta os elétrons. Esse "alguma coisa" é a diferença de potencial de uma pilha, por exemplo, que realiza trabalho sobre as cargas elétricas livres do condutor, e estas são colocadas em movimento ordenado. Observe a Figura 3.5.

>> CURIOSIDADE

Ao conhecer os trabalhos desenvolvidos por Galvani, Alessandro Volta (1745-1827), físico italiano, realizou importantes pesquisas e descobriu que, para as cargas elétricas entrarem em movimento, seria necessário que alguém ou algo realizasse trabalho sobre elas.

Um dos efeitos desse movimento se verifica no aquecimento dos fios, ou seja, parte da energia das cargas elétricas é transformada em outra energia: calor. Esse fenômeno é conhecido como Efeito Joule. Assim, uma instalação elétrica mal dimensionada pode ter, como resultado, um aquecimento excessivo dos fios e, consequentemente, um curto-circuito. Mas, em alguns casos, esse aquecimento é necessário, como em chuveiros elétricos ou lâmpadas incandescentes. No caso do chuveiro, a corrente elétrica percorre a resistência elétrica, aquecendo-a e transferindo essa energia para a água. Na Figura 3.6, veja o exemplo da lâmpada.

>> CURIOSIDADE

O fenômeno denominado **Efeito Joule** foi estudado por James Prescott Joule (1818-1889), físico inglês, que concentrou suas pesquisas na natureza do calor, relacionando-o com trabalho mecânico (energia). Por este feito, todas as grandezas físicas relacionadas com *energia* têm como unidade, no Sistema Internacional, o Joule (J). James Prescott Joule também foi empresário no ramo da cervejaria.

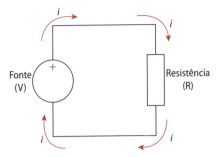

Figura 3.5 Esquematização da corrente elétrica percorrida em um circuito.

Figura 3.6 Filamento da lâmpada aquecido pela passagem da corrente elétrica.
Fonte: Wikimedia Commons (2006).

» Resistividade e condutividade

> » **PARA REFLETIR**
>
> Que tipo de material permite o movimento de cargas elétricas?

Você sabe muito bem que é mais fácil cravar uma estaca em um terreno arenoso do que em um terreno argiloso, e é evidente que o tipo de solo irá impor resistência à estaca. Da mesma forma, alguns materiais impõem uma certa resistência à passagem da corrente elétrica, e esta característica recebe o nome de **resistividade**, cuja relação é apresentada na relação matemática abaixo.

$$R = \rho \frac{l}{A}$$

onde:

- R: valor da resistência elétrica (Ω);
- ρ: resistividade do material (Ω m);
- l: comprimento do fio que compõe a resistência elétrica (m);
- A: área da seção reta por qual passa a corrente elétrica (m^2).

Na Figura 3.7, é possível perceber a passagem da corrente elétrica por um condutor. A resistividade é uma característica intrínseca do material e, dependendo de seu valor, permite que a corrente elétrica possa fluir mais facilmente ou não.

O Quadro 3.1 apresenta alguns dados de resistividade e condutividade de alguns materiais conhecidos.

Veja que os metais apresentados no quadro possuem resistividade baixa e condutividade elétrica alta, o que propicia a utilização desses materiais para circuitos elétricos (redes elétricas residenciais e placas de circuitos eletrônicos). Essas duas características são de materiais condutores. Por outro lado, materiais com alta resistividade funcionam como materiais não condutores ou isolantes.

Observe no Quadro 3.1 o baixo valor de condutividade da borracha. Por meio desses dados, é possível entender por que se utilizam determinados materiais em instalações elétricas. Além disso, observando a unidade de condutividade, percebe-se que ela é o inverso da resistividade.

>> PARA REFLETIR

Fios de cobre são comumente utilizados em instalações elétricas. Entretanto, de acordo com o Quadro 3.1, a prata é o metal que possui o menor valor de resistividade. Por que não utilizar esse material, então?

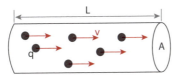

Figura 3.7 Representação da passagem de corrente elétrica por um condutor.

Quadro 3.1 » Dados de resistividade e condutividade

Material	Resistividade (Ω m)	Condutividade ($\Omega^{-1}m^{-1}$)
Alumínio	$28,4 \times 10^{-9}$	$35,0 \times 10^{6}$
Areia	5×10^{2}	0,002
Cobre	$16,7 \times 10^{-9}$	$58,0 \times 10^{6}$
Borracha	10^{13}	$0,1 \times 10^{-12}$
Ferro	$98,0 \times 10^{-9}$	10,2
Prata	$15,8 \times 10^{-9}$	$62,5 \times 10^{6}$

» Potência

A diferença de potencial (tensão) provoca um movimento de cargas elétricas (corrente elétrica) que percorre o circuito elétrico em que estão ligados vários equipamentos (resistências). Então, até este ponto, compreendemos a relação existente entre a tensão, a corrente elétrica e a resistência elétrica. Mas existem alguns outros fatores importantes de serem considerados em uma instalação. O Quadro 3.2 apresenta alguns valores médios de **potência**, segundo a Associação Brasileira de Normas Técnicas (2004, 2013). Observe que cada aparelho possui uma **potência**

Quadro 3.2 » Potência média de alguns aparelhos

Aparelho	Potência (W)
Chuveiro	5000
Condicionador de ar	2100
Ferro elétrico	1000
Rádio	50
Torneira elétrica	3500

» **DICA**
Não é preciso dizer que o excesso de cargas elétricas causa danos. Basta lembrar dos raios que atingem redes elétricas enviando uma grande quantidade de cargas elétricas, chegando a danificar equipamentos e instrumentos.

45

média. Isto quer dizer que o chuveiro, por exemplo, necessita de uma determinada quantidade de carga elétrica para funcionar, e assim continuará até que a quantidade se modifique, para mais ou para menos.

É possível concluir, então, que a potência elétrica está relacionada com a corrente elétrica que, por sua vez, relaciona-se com a tensão. Estudos realizados mostram que essa relação é descrita, matematicamente, como:

$$P = i \times V$$

Quando um chuveiro ou qualquer outro equipamento elétrico é ligado, o medidor de consumo começa a registrar o quanto de corrente elétrica está sendo utilizada e, ao final do mês, fornece a **energia elétrica (potência) consumida** pela residência no final do mês, cujo valor tem como unidade kWh. É evidente, observando o Quadro 3.2, que alguns aparelhos consomem mais e outros menos.

Assim, quanto maior for a utilização de equipamentos com maior potência, maior será o consumo de energia elétrica e, consequentemente, maior o custo mensal. Adequar e otimizar o uso de alguns aparelhos eletrônicos é uma forma de utilizarmos a energia de forma racional com significativa contribuição social.

» Circuito elétrico

Levando em consideração questões de segurança, vejamos um circuito elétrico simples e comum presente em todas as construções: uma lâmpada incandescente (127 V – 100 W) e um chuveiro elétrico (220 V – 5.000 W). Observe, na Figura 3.8, que o chuveiro e a lâmpada estão ligados em redes elétricas diferentes.

Vamos determinar qual a corrente elétrica que cada um necessita para funcionar dentro de suas características. Para a lâmpada:

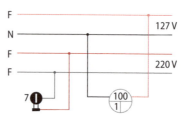

Figura 3.8 Esquema de instalação de alimentação elétrica para chuveiro e lâmpada.

$$P = i \times V \rightarrow i = \frac{P}{V} = \frac{100}{127} \rightarrow i = 0{,}79\ A$$

Para o chuveiro:

$$P = i \times V \rightarrow i = \frac{P}{V} = \frac{5.000}{220} \rightarrow i = 22{,}7\ A$$

Levando em consideração as normas da ABNT, deve-se ligar a lâmpada à rede elétrica residencial com o fio que possui diâmetro de 1,5 mm². Já o chuveiro necessita de um fio de diâmetro maior: 4 mm². Essa quantidade de corrente elétrica é consumida tanto pela lâmpada quanto pelo chuveiro, e parte dessa energia é convertida em calor (lâmpada-chuveiro) e luz (lâmpada). No final do mês, esse consumo será registrado e a leitura será feita no medidor.

Um **circuito elétrico** pode ser esquematizado e, de sua leitura, pode ser realizado um estudo adequado da posição de tomadas e lâmpadas, por exemplo. Observe o esquema apresentado na Figura 3.9.

No banheiro, há várias representações gráficas que fornecem informações importantes para a instalação de uma rede elétrica:

- Um círculo com o número 100 representa um ponto de luz no teto, indicando a potência da lâmpada (100 W) e a quantidade de lâmpadas a ser instalada (1).
- A letra "S" significa um interruptor simples e, ao lado, há um símbolo que representa uma tomada média monofásica (127 V) com o fio terra a 30 cm do piso.
- Por último, uma tomada bifásica (220 V) com fio terra em que será ligado o chuveiro elétrico.

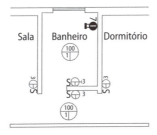

Figura 3.9 Representação esquemática de instalação elétrica.

Esse diagrama, respeitadas as normas de segurança, permite um bom funcionamento do circuito elétrico no banheiro. Estas e outras legendas e representações estão disponíveis na norma da Associação Brasileira de Normas Técnicas (2004).

» APLICAÇÃO

Considerando que uma pessoa tome dois banhos por dia gastando um tempo total de 30 minutos, no final do mês (30 dias), o tempo de banho será de 15 horas e o consumo de energia será de 75.000 W ou 75 kW. Vamos rever isso? O tempo de banho de um dia:

$$2 \text{ banhos de } 30 \text{ min} \rightarrow 2 \text{ banhos de } 0,5 \text{ h}$$

Em um mês (30 dias), o tempo total de banho será:

$$0,5 \times 30 \rightarrow 15 \text{ horas}$$

O consumo de energia destas 15 horas de banho corresponde a:

$$P \times t = 5.000 \times 15 = 75.000 \text{ Wh} = 75 \text{ kWh}$$

Se o custo do kWh é de R$ 0,29114, segundo a concessionária ELETROPAULO (2013), então tem-se um gasto de:

$$\text{Custo total} = 75 \times 0,29114 \rightarrow \text{Custo total} = \text{R\$ } 21,83$$

Assim, na conta da energia elétrica do final do mês, o valor de R$ 21,83 deve-se a uma única pessoa. Realize o procedimento para sua residência, levando em conta todas as pessoas que moram nela. Verifique o quanto do custo total pago equivale às horas de banho.

» Corrente elétrica contínua e alternada

Há somente um tipo de corrente elétrica?

Não, existem dois tipos de corrente elétrica: **contínua** e **alternada**. A corrente contínua é aquela que percorre pequenos circuitos, geralmente os circuitos eletrônicos alimentados por uma simples pilha ou bateria. Na corrente contínua, as cargas elétricas deslocam-se todas em um único sentido e não possuem muita energia durante seu trajeto.

Já a corrente alternada, gerada por alta tensão, transporta muita energia e pode percorrer caminhos longos até chegar aos transformadores localizados nos postes das ruas, que diminuem a alta tensão para valores menores, para alimentar equipamentos e aparelhos. Se a transmissão da energia elétrica fosse por corrente contínua, haveria a necessidade de inúmeras usinas para alimentarem uma cidade, por exemplo.

» RESUMO

Neste capítulo, foram apresentados alguns conceitos básicos de eletricidade para construção civil. A partir da descoberta de que cargas elétricas em movimento ordenado produzem uma corrente elétrica, outros conceitos relacionados, como potência, resistência e resistividade, efeito Joule, permitiram entender como funcionam determinados equipamentos. Além disso, os conhecimentos adquiridos neste capítulo possibilitam projetar, adequadamente e com segurança, instalações elétricas em edificações, de maneira a suprir toda a demanda necessária. Este capítulo também nos ajudou a entender que os conhecimentos básicos de eletricidade são fundamentais para que possamos utilizá-la com racionalidade para nosso conforto, trabalho e lazer.

» Atividades

1. É comum, no dia a dia, danificar um aparelho eletrônico de 127 V ao ligá-lo em uma tomada com voltagem 220 V. Que tal pesquisar por que há duas opções de voltagem para as instalações elétricas, 127 V e 220 V, em vez de um padrão único? Pesquise, ainda: as instalações com voltagem 127 V e 220 V têm o mesmo desempenho e o mesmo consumo de energia? Justifique.

2. O circuito apresentado na Figura 3.10 representa, de forma simplificada, uma instalação elétrica.

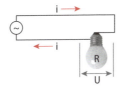

Figura 3.10 Esquema de ligação de uma lâmpada em um circuito elétrico.

Como a resistência (R) da lâmpada é constante, a intensidade do seu brilho e do seu calor aumenta ou diminui conforme aumentamos ou diminuímos a corrente (i) ou a tensão (U). Comprove isso, calculando o valor da corrente (i) quando variamos o valor da tensão (U)

a) $R = 5\,\Omega$ e $U = 127\,V$

b) $R = 5\,\Omega$ e $U = 220\,V$

3. Sabendo-se que a potência ativa:
   - é uma parcela da potência aparente e
   - é transformada em potência mecânica, térmica ou luminosa.

   calcule a potência aparente e a potência ativa da instalação elétrica de uma residência, conforme dados no quadro a seguir:

Quadro 3.3

Tipo							Fator de Potência (FP)	
Lâmpadas incandescentes, chuveiro elétrico e torneira elétrica							1,0	
Tomadas de Uso Geral (TUG's)							0,8	

	Dimensões			Tomadas de Uso Geral (TUG's)		Tomadas de Uso Específico (TUE's)	
Ambientes	Área (m²)	Perímetro (m)	Potência de Iluminação (VA)	Quantidade	Potência (VA)	Discriminação	Potência (W)
Sala	9,91	12,6	100	4	400	-	-
Cozinha	11,43	13,6	160	4	1900	Torneira Geladeira	5000 500
Dormitório	11,05	13,3	160	4	400	-	-
Banheiro	4,14	-	100	1	600	Chuveiro	5600
AS	5,95	-	100	2	1200	Máq. lavar	1000
Hall	1,80	-	100	1	100	-	-
Área externa	-	-	100	-	-	-	-

4. Considere um chuveiro com uma potência de 4.400 W, 127 V, ligado durante 15 minutos:

   a) Calcule a corrente, a resistência e a energia elétrica.

   b) Efetue os mesmos cálculos, considerando um chuveiro elétrico para 220 volts.

   c) Compare os resultados e apresente uma conclusão.

5. Qual é a carga de iluminação incandescente que deve ser instalada em uma sala de 3,5 m de largura por 4,0 m de comprimento? Lembre-se de que a Associação Brasileira de Normas Técnicas (2004) estabelece que, em ambientes com área superior a 6 m^2, deve ser prevista uma carga mínima de 100 VA para os primeiros 6 m^2 acrescida de 60 VA para cada aumento de 4 m^2.

REFERÊNCIAS

ANDRADE, C. D. de. Carta a uma Senhora. In: ANDRADE, C. D. de et al. *Crônicas 5*. São Paulo: Ática, 1980. (Coleção Para Gostar de Ler, v. 5).

ASSOCIAÇÃO BRASILEIRA DE NORMAS TÉCNICAS. [Site]. Rio de Janeiro: ABNT, 2013. Disponível em: <http://www.abnt.org.br/>. Acesso em: 13 ago. 2013.

ASSOCIAÇÃO BRASILEIRA DE NORMAS TÉCNICAS. *NBR 5410*: Instalações elétricas de baixa tensão. Rio de Janeiro: ABNT, 2004.

ELETROPAULO. [Site]. São Paulo: AES ELETROPAULO, 2013. Disponível em: <https://www.aeseletropaulo.com.br/Paginas/aes-eletropaulo.aspx>. Acesso em: 13 ago. 2013.

OSTERMANN, F.; CAVALCANTI, C. J. de H. Um Pôster para Ensinar Física de Partículas na Escola. *Física na Escola*, v. 2, n. 1, 2001.

WIKIMEDIA COMMONS. *Incandescent light bulbs with Edison screw*. [S.l.]: Wikimedia Commons, 2006. Disponível em: <http://commons.wikimedia.org/wiki/File:Gluehbirne_1_db.jpg>. Acesso em: 28 ago. 2013.

LEITURAS RECOMENDADAS

EDUFER TRANSFORMADORES. *Tabela de Resistividade dos Materiais Condutores, Semicondutores e Isolantes*. [S.l.: s.n.], 2011. Disponível em: <http://edufer.free.fr/026.html>. Acesso em: 13 ago. 2013.

INSTITUTO NACIONAL DE METROLOGIA, QUALIDADE E TECNOLOGIA. [Site]. [S.l.]: Inmetro, 2012. Disponível em: <http://www.inmetro.gov.br/>. Acesso em: 13 ago. 2013.

UNIVERSIDADE JOSÉ DP ROSÁRIO VELLANO. [Site]. Belo Horizonte: UNIFENAS, 2013. Disponível em: <http://www.unifenas.br/~amdias/feletricos6a.pdf>. Acesso em: 13 ago. 2013.

capítulo 4

Instalações hidráulicas

Ao avaliar uma edificação, é possível notar a segurança de sua estrutura ou a eficácia de suas instalações. As instalações hidráulicas compõem uma parte importante da edificação, garantindo benefícios e conforto aos usuários. Neste capítulo, serão apresentados alguns conceitos de física utilizados no dimensionamento de instalações hidráulicas prediais.

Expectativas de aprendizagem
- Calcular vazão, pressão, perímetro, área e volume em instalações hidráulicas prediais.
- Realizar projetos de instalações hidráulicas prediais, utilizando normas técnicas.
- Elaborar memoriais descritivos, com apresentação de convenções e considerações relativas ao projeto, especificando materiais necessários às instalações hidráulicas, que sejam ambientalmente eficientes e estejam disponíveis no mercado.

Bases Tecnológicas
- Definição, tipos e critérios de dimensionamento de projetos e execução de sistemas e instalações hidrossanitárias residenciais: água fria, água quente, água pluvial, esgoto sanitário e incêndio.

Bases Científicas
- Mecânica: rotações e fluidos.
- Hidrostática.
- Hidrodinâmica.
- Pressão. Variação da pressão em um líquido em equilíbrio.
- Princípio de Pascal.
- Empuxo e Princípio de Arquimedes.
- Vazão. Equação da continuidade.

❯❯ Introdução

Passamos grande parte de nossa vida em ambientes fechados, residências ou locais de trabalho. Nesses locais, um sistema de abastecimento de água é fundamental para que as pessoas possam desenvolver suas atividades de forma eficaz e produtiva.

O objetivo deste capítulo é apresentar conceitos físicos relacionados com a hidrostática e a hidrodinâmica, predominantes na rede de água das edificações. Discutiremos o comportamento dos fluidos e como a pressão, vazão e densidade influenciam a escolha, por exemplo, das tubulações e metais utilizados. Alguns exercícios serão propostos e outros desenvolvidos e discutidos para fixação dos conceitos.

❯❯ Hidrostática e hidrodinâmica

Como o próprio nome indica, a **hidrostática** estuda o fluido contido em um recipiente fechado. Já a **hidrodinâmica** preocupa-se com o escoamento desse fluido por uma tubulação, por exemplo.

❯❯ Fluidos

Os líquidos possuem algumas características em comum com os gases e com os sólidos. Visto que gases e líquidos têm propriedades em comum, os dois são considerados **fluidos**, ou seja, são constituídos de muitas moléculas em constantes colisões e em movimento desordenado. Assim como na termodinâmica, estes fluidos merecem atenção na hidrostática e na hidrodinâmica.

❯❯ **DEFINIÇÃO**
A **pressão atmosférica** é a pressão exercida pelo peso do ar atmosférico sobre qualquer superfície em contato com ele. É fácil perceber a pressão quando visitamos uma região serrana, por exemplo.

❯❯ Pressão atmosférica

Ao estudar hidrostática e hidrodinâmica, uma grandeza que estará sempre presente é a **pressão atmosférica**, pois está relacionada diretamente com fluidos.

A massa do ar atmosférico exerce uma pressão sobre todos os corpos em contato com ele. Se você desviar o olhar desta folha e observar ao seu redor, todos os objetos estão sob a ação da pressão atmosférica, inclusive você! Observe isso na Figura 4.1.

Figura 4.1 O ar exerce pressão por todos os lados.

> ## » APLICAÇÃO
>
> Ao nível do mar, 1.000 litros de ar (1 m^3) equivalem a uma massa de 1,3 Kg. Faça um exercício contabilizando a massa de todos que estão presentes na sala com você e o volume de ar da sala. Verifique quem tem mais massa, se todos ou se o ar.

Experimento de Torricelli

O físico e matemático italiano Evangelista Torricelli (1608-1647), amigo de Galileu Galilei, realizou diversas experiências procurando medir a pressão atmosférica. Um esquema do experimento de Torricelli está representado na Figura 4.2.

Torricelli utilizou um tubo graduado de 1 m de comprimento fechado em uma das extremidades. Encheu o tubo completamente com mercúrio e mergulhou a extremidade aberta em um recipiente contendo também mercúrio. Refletindo sobre o fato de que, após um determinado tempo, o nível da vasilha não mais variava, Torricelli foi conclusivo em determinar que a pressão atmosférica realizava esta ação. E como a marca apresentada era de 76 cm, definiu que a pressão atmosférica teria o valor de 760 mm de Hg (símbolo químico do mercúrio).

Torricelli realizou esse experimento por mais vezes, variando o local. Verificou que a altitude influenciava na altura da coluna de mercúrio, o que o levou a conclusão de que a pressão atmosférica diminui com a altitude. E por que utilizou mercúrio? Torricelli utilizou o mercúrio por ser um metal em estado líquido, em temperatura ambiente e por apresentar alto valor de densidade, utilizando suas características de bom condutor de calor e dilatando-se pouco em relação à mudança de altitude. Veja o Quadro 4.1, que contém alguns valores de densidade de líquidos.

» **NO SITE**
Para saber mais sobre o experimento de Torricelli, visite o ambiente virtual de aprendizagem Tekne: **www.bookman.com.br/tekne**.

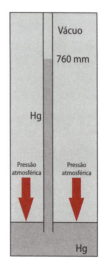

Figura 4.2 Experimento de Torricelli.

O ouro possui densidade maior que o mercúrio, entretanto o estado físico natural do ouro é sólido, o que impossibilitaria sua utilização no experimento. Também há o álcool, mas sua densidade é muito baixa, o que obrigaria Torricelli a utilizar um tubo de vidro de mais de 10 m de altura. Veja, na Figura 4.3, líquidos de densidades diferentes.

A altura da coluna de mercúrio no tubo de vidro que Torricelli encontrou foi de 760 mm. Então, é possível relacionar a densidade do mercúrio com este valor encontrado.

$$13,58 \frac{g}{cm^3} \rightarrow 760 \text{ mm}$$

» **DICA**
No Sistema Internacional, a unidade de densidade é kg/m^3.

Quadro 4.1 » **Densidade (ρ) de algumas substâncias**

Substância	ρ (g/cm³)
Álcool	0,79
Alumínio	2,70
Chumbo	11,20
Ferro	7,80
Gelo	0,92
Mercúrio	13,58
Ouro	19,30
Prata	10,50

Figura 4.3 Líquidos de densidades diferentes.
Fonte: Steve Spangler Science (2013).

Levando em consideração os dados para o álcool, tem-se:

$$0{,}79 \ \frac{g}{cm^3} \rightarrow h$$

Então, comparando essas duas relações e levando em consideração as relações matemáticas de proporções, a altura h que correspondente à medida no tubo de mercúrio seria de mais de 13 m.

O fator **densidade do mercúrio** auxiliou Torricelli na busca de seus resultados, assim como a densidade de determinadas substâncias contribui para a utilização de um ou outro material na construção. Pilares e lajes com diferentes densidades servem para propósitos diferentes. Em alguns casos, a densidade é expressa em kN/m^3, como mostra o Quadro 4.2. Observe que, na última coluna do quadro, está o valor da densidade no Sistema Internacional.

Quadro 4.2 » Densidade

Material	kN/m^3	kg/m^3
Concreto simples	24	2.400
Concreto armado	25	2.500

Fonte: Associação Brasileira de Normas Técnicas (1980).

Pressão atmosférica

Com os experimentos e medidas realizados por Torricelli, percebeu-se que a pressão atmosférica tinha relação com a altitude e, consequentemente, com a aceleração da gravidade, já que esta também muda de acordo com a altitude. Outro fator interessante é que a pressão também difere quanto ao meio em que for medida, ou seja, depende do fluido em que se está. Essa relação também é aplicada no caso de líquidos, pois são fluidos, como os gases. Após algumas medidas, determinou-se uma expressão matemática que comprova os valores obtidos, e esta expressão é dada por:

$$p = \rho g h$$

onde:

- p é a pressão atmosférica no local em que se deseja;
- ρ é a densidade do meio;
- g é a aceleração da gravidade do local;
- h é a altitude com relação ao nível do mar.

Altura

Uma consideração importante deve ser feita. Observe a Figura 4.4. Nela, a pressão da água que sai do bidê (ponto a) é diferente da pressão da água que sai da torneira do lavatório (ponto b), por exemplo, devido à diferença de altura entre esses dois pontos. Entretanto, a pressão medida nos pontos A, B e C é igual, pois os pontos estão a uma mesma altura em relação ao solo.

É claro que a distância nesse caso é pequena e, consequentemente, a pressão medida tem pouca diferença, mas imagine em um edifício alto. Por isso, o dimensionamento das instalações hidráulicas pode sofrer alterações em função do andar em que se encontra.

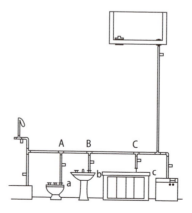

Figura 4.4 Diferentes alturas.
Fonte: Fazer Fácil (20--?).

>> APLICAÇÃO

Imagine um prédio de 30 andares. A caixa d'água fica no topo e a água desce por uma tubulação retilínea até o andar térreo. Vamos determinar a pressão no interior da tubulação próxima à torneira do 1º andar e do 27º andar. O pé-direito de cada andar mede 2,70 m e a separação entre eles é de 0,30 m, como você pode observar na Figura 4.5.

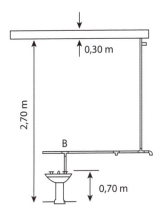

Figura 4.5   Diagrama da aplicação proposta.

A torneira está a 0,70 m de altura do piso. Para o 27º andar, a pressão no interior da tubulação próxima à torneira vale:

$$p(27) = \rho g h = 1.000 \times 10 \times 11{,}30 = 113.000 \ \frac{N}{m^2}$$

No Sistema Internacional, a densidade da água (ρ) vale 1.000 kg/m³, a aceleração da gravidade (g) vale, aproximadamente, 10 m/s². E o número 11,30? Da base do 27º andar até o topo do 30º andar, onde está a caixa d'água, são quatro andares. Como cada andar possui 3 m, então são 12 m. Entretanto, a torneira do lavatório está a uma altura de 0,70 m da base do 27º andar. Então:

$$h \text{ (altura)} = 12 - 0{,}70 = 11{,}30 \text{ m}$$

(continua)

» APLICAÇÃO

(continuação)

Para o 1º andar, o procedimento de resolução é o mesmo, mas o resultado é diferente devido ao valor da altura a ser agora considerado.

$$p(1) = \rho\, g\, h = 1.000 \times 10 \times 89{,}30 = 893.000 \ \frac{N}{m^2}$$

Observe que a diferença entre as pressões dos andares é muito grande. Por isso, as válvulas, as torneiras e os registros são projetados para suportarem a pressão da água.

Foi comentado que a pressão tem o mesmo valor para pontos situados a uma mesma altura, ou distância, de um ponto referencial. Esse fato auxilia o processo de **nivelamento** entre dois pontos distintos de uma construção. Para isso, utiliza-se uma mangueira transparente, denominada mangueira de nível, com suas extremidades abertas e quase cheia de água.

O método da mangueira de nível fundamenta-se no princípio dos vasos comunicantes e tem a finalidade de permitir o nivelamento entre dois pontos distantes (ver Figura 4.6). Na construção civil, esse método é utilizado para o nivelamento de terrenos, pisos, batentes, azulejos, caixinhas de luz, etc.

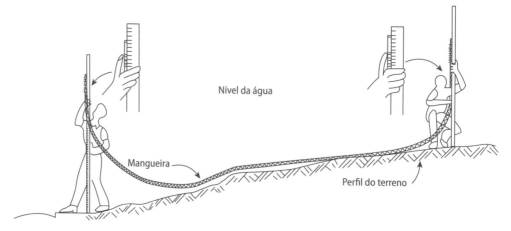

Figura 4.6 Método da mangueira de nível.
Fonte: Nivelamento... (2011).

Não importa se a mangueira está enrolada, ou se parte dela está sobre uma cadeira ou presa em uma escada. O importante é que ambas as extremidades estejam sempre em um ponto mais alto, pois o líquido no interior vai se acomodando, indo de um lado para outro, até que as superfícies da água fiquem niveladas. Outro cuidado importante é que a mangueira não pode estar dobrada, estrangulando a passagem da água.

» Empuxo e peso

Em algumas situações ouvimos afirmações tais como: "ele afundou porque é mais denso" ou "subiu porque é menos denso". Em ambas as afirmações, uma força é determinante para que aconteça um ou outro fenômeno: o **empuxo**. A Figura 4.7 mostra a força empuxo agindo no sentido oposto à força peso, ou seja, o empuxo tende a levar o objeto para a superfície, enquanto o peso tende a levar o objeto para o fundo. A partir disso, há a possibilidade de:

- A força empuxo ser maior que a força peso (E > P). Nesse caso, o corpo é levado para a superfície.
- A força empuxo ser igual à força peso (E = P). Nesse caso, o objeto permanecerá flutuando.
- A força empuxo ser menor que a força peso (E < P). Aqui, o objeto irá para o nível mais fundo possível.

» PARA REFLETIR

Como relacionar as densidades de líquido e objeto para que tenhamos as mesmas observações feitas acima?

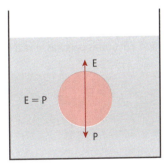

Figura 4.7 Ação das forças empuxo e peso em um objeto imerso em um líquido.

>> CURIOSIDADE

Arquimedes de Siracusa (287a.C. – 212a.C.), físico, matemático e astrônomo grego, contribuiu significativamente para o desenvolvimento da Física, principalmente para a área da hidrostática, ao determinar a relação da densidade com o volume, resultando na relação com a força de empuxo que um objeto sofre quando mergulhado em um líquido.

>> Força e pressão

Você já presenciou alguém retirando gasolina do tanque de um automóvel utilizando uma mangueira? Nesse processo, a diferença de pressão provoca um movimento do líquido de um ponto a outro até que o nível entre eles se iguale. O físico e matemático francês Blaise Pascal (1623-1662), a partir de leituras realizadas por Evangelista Torricelli, verificou que a pressão é transmitida a todos os pontos do líquido e que existe uma relação entre a **força** e a **pressão**, dada pela relação matemática:

$$p = \frac{F}{A}$$

em que A é a área onde a força atua. Dessa relação, foi possível desenvolver o sistema de prensa hidráulica, tornando possível levantar uma massa de 1.200 kg apoiada sobre uma plataforma de 2.000 cm^2, empurrando um êmbolo de 10 cm^2 de área utilizando uma força de 60 N. Para ter uma ideia, uma força de 60 N corresponde a uma massa de 6 kg.

>> Vazão

Outro estudo partiu da relação entre força e área: a **vazão**. Considerando a seção reta de um tubo, a vazão representa a quantidade de líquido que atravessa esta seção por unidade de tempo. Em outras palavras, a vazão é a relação entre

$$Vazão = \frac{volume}{tempo} \rightarrow Q = \frac{V}{t}$$

Se estudarmos essa relação do ponto de vista das unidades, é possível encontrarmos uma nova formulação matemática para a vazão, ligada à velocidade e à área. Utilizando as unidades do Sistema Internacional:

$$[Q] = \frac{[m^3]}{[s]} = \frac{[m^2][m]}{[s]} = [m^2]\frac{[m]}{[s]} \to Q = A \times v$$

onde *A* corresponde à área e *v* à velocidade.

>> APLICAÇÃO

Vamos supor que, pensando sempre no meio ambiente, você pesquisou por tubos que fornecessem economia para a sua obra. Encontrou um tubo cuja velocidade interna da água atinge 1,25 m/s. Para ter uma vazão de 72 m³/h, você tem que determinar o diâmetro do tubo a ser utilizado. Em primeiro lugar, é necessário transformar a unidade hora para segundo. Como 1 hora possui 3.600 segundos, então:

$$Q = 72\,\frac{m^3}{h} = 72\,\frac{m^3}{3.600\,s} 5\,\frac{72}{3.600}\,\frac{m^3}{s} = 0{,}02\,\frac{m^3}{s}$$

Então, a vazão é de 0,02 m³/s. Utilizando a relação entre vazão, área e velocidade:

$$Q = A \times v \to A = \frac{Q}{v}$$

Substituindo os valores de vazão e velocidade, a área da seção reta é dada por:

$$A = \frac{0{,}02}{1{,}25} \to A = 0{,}016\,m^2$$

Antes de continuar, por que determinar a área? Porque a partir da área determina-se o raio do tubo, já que a área representa um círculo, conforme mostra a Figura 4.8.

Figura 4.8 Um tubo de seção reta A.

(continua)

>> APLICAÇÃO

(continuação)

Seguindo em frente:

$$A = \pi R^2 \rightarrow R^2 = \frac{A}{\pi} \rightarrow R = \sqrt{\frac{A}{\pi}}$$

Substituindo os valores de $A = 0,016$ m² e $\pi = 3,14$, obtém-se que o raio do tubo é de 0,071 m e o diâmetro do tubo, que é o dobro do raio, vale 0,142 m ou 14,2 cm.

>> RESUMO

Neste capítulo, vimos que, ao projetar o sistema da rede hidráulica de uma edificação, deve-se ter a preocupação constante com o emprego de equipamentos e instrumentos que possibilitem um abastecimento adequado, sem desperdício. Para que isso ocorra, alguns conhecimentos de física são fundamentais. Vimos, por exemplo, como os conceitos da física relacionados à hidrostática e à hidrodinâmica contribuem para isso. Além disso, também abordamos o comportamento dos fluidos, tendo em vista a sua importância na especificação de materiais e de dimensões para as tubulações das instalações hidráulicas prediais.

>> Atividades

1. Em uma casa térrea, um chuveiro simples gasta em média 3,5 litros de água por minuto. Se desejar um banho mais agradável, essa vazão pode chegar a 5,5 litros por minuto, mais que isso já é desperdício.

    a) Calcule quanto seu chuveiro gasta. Para isso, faça um teste rápido: abra o registro do seu chuveiro como de costume. Colete, com um balde (aproximadamente de 20 litros), a água por 1 minuto, exatamente. Não deixe que a água caia fora do balde, tampouco passe de 1 minuto. Use um recipiente que tenha graduação e determine quantos litros você coletou. Verifique se a quantidade de água coletada corresponde às faixas apontadas no enunciado desta questão. Caso você note desperdício, pesquise e indique uma solução.

b) Utilize os conceitos de física para explicar a seguinte afirmação.

Se você mora em casa térrea e usa a caixa d'água para alimentar o chuveiro, dificilmente terá uma vazão alta, a não ser que a caixa de água fique muito acima do chuveiro como, por exemplo, no caso de um sobrado, em que o banheiro esteja localizado no térreo.

2. Qual deverá ser a capacidade da caixa d'água de uma residência que irá atender cinco pessoas?

   Dados:
   - A caixa d'água deverá atender o consumo por dois dias.
   - De acordo com a tabela de estimativa de consumo predial diário, uma pessoa consome, em média, 150 litros de água/dia.

3. Qual é a vazão de água (em litros por segundo) circulando em um tubo de 32 mm de diâmetro, considerando a velocidade da água igual a 4 m/s?

4. Qual é a velocidade da água ao passar pela saída na lateral de um reservatório se o desnível entre a saída lateral e a superfície livre é de 2 m, conforme mostra a Figura 4.9?

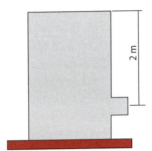

Figura 4.9 Esquematização do reservatório com saída lateral.

5. Determine as pressões nos pontos A, B e C, considerando que as torneiras B e C estejam fechadas, conforme mostra a Figura 4.10.

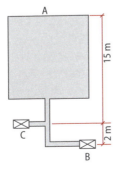

Figura 4.10 Esquema representando a ligação de duas torneiras com o reservatório.

REFERÊNCIAS

ASSOCIAÇÃO BRASILEIRA DE NORMAS TÉCNICAS. *NBR 6120*: Cargas para o cálculo de estruturas de edificações. Rio de Janeiro: ABNT, 1980.

FAZER FÁCIL. *Construção*. [S.l.]: Fazer Fácil, [20--?]. Disponível em: < http://fazerfacil.com.br/Construcao/construcao_master.htm>. Acesso em: 26 ago. 2013.

NIVELAMENTO: nível de mangueira. [S.l.]: Blogspot, 2011. Disponível em: <http://construcaociviltips.blogspot.com.br/2011/07/nivelamento-nivel-de-mangueira.html>. Acesso em: 26 ago. 2013.

STEVE SPANGLER SCIENCE. *Seven layer density column*. Englewood: Steve Spangler Science, 2013. Diponível em: <http://www.stevespanglerscience.com/lab/experiments/seven-layer-density-column>. Acesso em: 27 ago. 2013.

LEITURAS RECOMENDADAS

ASSOCIAÇÃO BRASILEIRA DE NORMAS TÉCNICAS. [Site]. Rio de Janeiro: ABNT, 2013. Disponível em: <http://www.abnt.org.br/>. Acesso em: 13 ago. 2013.

GRIMM, A. M. Variação com a Altitude. In: GRIMM, A. M. *Meteorologia Básica*: notas de aula. [S.l.: s.n.]: 2009. Disponível em: <http://fisica.ufpr.br/grimm/aposmeteo/cap4/cap4-3.html>. Acesso em: 13 ago. 2013.

INSTITUTO NACIONAL DE METROLOGIA, QUALIDADE E TECNOLOGIA. [Site]. [S.l.]: Inmetro, 2012. Disponível em: < http://www.inmetro.gov.br/>. Acesso em: 13 ago. 2013.

MORA PAZ, P. J. *Sistema Hidraulico de los Incas*. [S.l.: s.n.]: 2010. Disponível em: <http://ingciviluac.blogspot.com.br/2010/12/sistema-hidraulico-de-los-incas.html>. Acesso em: 13 ago. 2013.

ORGANIZAÇÃO DAS NAÇÕES UNIDAS PARA A EDUCAÇÃO, A CIÊNCIA E A CULTURA. [Site]. Brasília: UNESCO, 2013.

PORTUGAL, P. J. *Medição da Pressão Atmosférica*: experiência de Torricelli. [S.l.; s.n.], 2007. Disponível em: <http://profs.ccems.pt/PauloPortugal/PHYSICA/Torricelli/Experincia_Torricelli.html>. Acesso em: 13 ago. 2013.

UNIVERSIDADE FEDERAL DE SERGIPE. *Departamento de Física da UFS*. São Cristóvão: UFS, 2013. Disponível em: <http://www.fisica.ufs.br/egsantana/fluidos/estatica/atmosferica/atmosferica.htm>. Acesso em: 13 ago. 2013.

capítulo 5

Insolação e conforto térmico

Muitos dos materiais utilizados na construção civil apresentam características que influenciam o conforto térmico da edificação. Por exemplo, dependendo do material utilizado para a cobertura, pode-se ter um ambiente funcionando como uma estufa ou como um local agradável, mesmo nos dias quentes. Conhecer alguns conceitos de termologia, dentro da física, pode contribuir para a escolha certa de materiais e de sistemas construtivos. São esses conceitos que discutiremos neste capítulo e que contribuem para que a edificação atinja os objetivos de conforto térmico desejados.

Expectativas de aprendizagem
- » Identificar técnicas construtivas, segundo materiais, máquinas, ferramentas e equipamentos específicos.
- » Interpretar especificações técnicas dos materiais para construção.
- » Posicionar edificações segundo incidência solar.
- » Classificar materiais, segundo suas propriedades termoplásticas.

Bases Tecnológicas
- » Dilatação térmica linear, superficial e volumétrica de estruturas metálicas e de concreto.
- » Tipos de coberturas e suas características térmicas.
- » Conforto térmico.
- » Materiais termoplásticos.

Bases Científicas
- » Termologia: conceitos de calor e de temperatura.
- » Gradiente de temperatura.
- » Dilatação térmica.
- » Produção de calor.
- » Calor específico.
- » Transferência de calor e equilíbrio térmico.
- » Instrumentos de medição.

» Introdução

É evidente que muitas das observações realizadas no cotidiano apresentam o calor como razão ou resultado de algum fato acontecido. O calor é um fator importante para nossa vida, afinal o corpo humano é o maior exemplo da quantidade de transformações de calor que ocorrem ao mesmo tempo. Como resultado, tem-se a vida.

Este capítulo, portanto, apresenta conceitos relacionados à **termodinâmica**. Trata sobre conhecimentos relativos

- ao calor e à energia interna;
- à transferência de calor;
- aos instrumentos e unidades de medida;
- à condutividade térmica.

Além disso, apresenta alguns exemplos, propõe atividades relacionadas à construção civil, além de estimular reflexões e discussões. Assim, com o desenvolvimento dos conhecimentos básicos e das discussões apresentados aqui, será possível compreender alguns outros fenômenos observáveis no cotidiano, como por exemplo:

- Por que utilizar determinado tipo de material no teto de uma residência?
- Qual é o melhor tipo de material para controlar a temperatura interna de uma geladeira?
- Por que alguns equipamentos eletroeletrônicos aquecem demasiadamente?
- Como aproveitar o calor para gerar energia e comodidade ao nosso cotidiano?

» Calor

Em algumas situações do cotidiano, percebemos que a variação da temperatura provoca comportamentos diferenciados nos materiais, o que nos leva a refletir:

- Por que nem sempre é possível encaixar facilmente aquela mangueirinha plástica no chuveiro elétrico?
- Por que o asfalto do pavimento amolece nos dias quentes?
- Qual é o real significado daquele som ritmado emitido pela roda do trem quando em movimento pelos trilhos?

Entretanto, é possível compreender como os praticantes de asa delta conseguem manter-se flutuando no ar por longos períodos. Também é possível compreender como funciona um termômetro clínico para a medição da temperatura de um paciente. Justifica-se, portanto, a seleção criteriosa de materiais a serem utilizados na montagem de equipamentos e nas instalações residenciais e industriais. Há razões para utilizar tubos de cobre na maioria dos aquecedores. Assim como há razões para utilizar telhas de barro nas coberturas residenciais a fim de amenizar o calor em dias quentes.

Transferência de calor

O tato parece ser, historicamente, o primeiro sentido usado pelo homem para o processo de aquisição de conhecimento. E com certeza as sensações de quente e frio contribuiram para o início desse processo, a partir da percepção da presença do Sol. Com a descoberta do fogo e utilização dos processos de **transferência de calor**, o homem passou a aquecer-se e a mudar alguns hábitos em sua alimentação. Por meio desses processos, denominados hoje como **convexão**, **condução** e **radiação**, o homem descobriu e aprendeu como utilizar o ponto de fusão de alguns materiais para produzir cerâmica e armas. Utilizou o calor do fogo para proteger-se de animais e compreendeu que podia localizar-se na escuridão utilizando a radiação emitida pelas chamas.

Com o passar do tempo, várias teorias foram se solidificando e comprovando algumas observações experimentais. Para os antigos gregos, o conhecimento adquirido na percepção de um corpo estar mais ou menos quente que outro possibilitou o desenvolvimento de aplicações práticas. Alguns templos e santuários foram construídos com base nos conhecimentos de transferência de calor para que possuíssem aquecimento interno.

Instrumentos de medição

Para conhecer a grandeza de calor, desenvolveram-se instrumentos e, por meio de muito estudo e pesquisa, buscou-se qualidade e confiabilidade. A princípio, relacionou-se a expansão do ar com valores de maior ou menor temperatura. No século XVI, propôs-se o **termoscópio** e, a partir dele, iniciou-se uma busca pela precisão de novos instrumentos, com várias sugestões e projetos desenvolvidos e testados.

» CURIOSIDADE

Galileu Galilei (1564-1642), físico e matemático italiano, construiu um protótipo de **termômetro** (Figura 5.1), palavra com origem grega: *thermo* (quente) e *metro* (medida). A partir do domínio do conhecimento na construção do instrumento, vários outros termômetros com utilizações específicas e leituras mais precisas foram desenvolvidos.

» PARA REFLETIR

Que relação existe entre temperatura e calor?

Figura 5.1 Pontos de fusão e ebulição da água nas escalas Celsius e Fahrenheit.
Fonte: Scott (2011).

Muitas formas de energia estão presentes no cotidiano. As mais conhecidas são as energias **elétrica** e **mecânica**. Entretanto, outras formas de energia, como a magnética, química e térmica, também estão presentes e possuem sua importância. Em alguns casos, a soma de algumas dessas energias representa a energia interna de um sistema (corpo), que fornece o **grau** do quanto o sistema está "quente" ou "frio".

O **grau** é matematicamente representado pela temperatura. Ocorrendo mudança na energia interna, há uma consequente variação da temperatura. É importante frisar que a variação dessa energia ocorre apenas quando há a intervenção de trabalho ou de calor.

Sistema isolado

Se, em um sistema denominado fechado, não houver variação de energia – energia interna –, então ele está em **equilíbrio térmico**, ou seja, não é perceptível qualquer variação de temperatura. Não há perda nem ganho de energia. Estamos diante de um modelo ideal de estudo denominado de **sistema isolado** (veja a Figura 5.2).

Comparando dois sistemas (corpos) A e B, separados e com temperaturas diferentes, aquele que tiver maior temperatura possuirá maior energia interna. Quando esses dois sistemas (corpos) são postos em contato, em uma interação exclusivamente térmica, com o passar do tempo verifica-se uma transferência de parte da energia interna do corpo de maior temperatura para o de menor **temperatura** (veja a Figura 5.3). Essa energia que se transfere é denominada **calor**.

> **» DEFINIÇÃO**
> **Calor** é a energia que se transmite devido, unicamente, à diferença de temperatura entre dois pontos ou dois sistemas. Ele nunca "flui" por si só. É obrigatória a diferença de temperatura.

Figura 5.2 Massa não pode cruzar as fronteiras de um sistema fechado, mas energia pode.
Fonte: Çengel e Boles (2011).

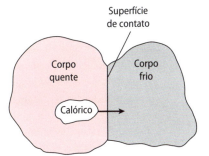

Figura 5.3 No início do século XIX, pensava-se que o calor era um fluido invisível, chamado de calórico, que escoava dos corpos mais quentes para os corpos mais frios.
Fonte: Çengel e Boles (2011).

> **» PARA REFLETIR**
>
> É possível imaginar um sistema isolado?

> **DEFINIÇÃO**
> **Temperatura** é o valor numérico que informa o quanto um corpo está quente ou frio, comparado a um valor padrão. Ela indica o grau de agitação das moléculas no interior do sistema (corpo). A temperatura não é o "calor do corpo".

Equilíbrio térmico

A troca de energia, ou variação de energia interna, ou transferência de energia, irá terminar quando os dois corpos atingirem uma mesma temperatura. Quando isso acontecer, o sistema total (corpos A e B juntos, considerados agora como um único sistema) estará em **equilíbrio térmico**. Assim, medir temperaturas de sistemas (corpos) significa medir o seu grau de energia interna. Para medir essas temperaturas, foram desenvolvidos os termômetros e, para cada especificidade de leitura e utilização, diferentes instrumentos específicos.

Produção de calor

O que pode ou não produzir calor? Sabendo que calor é uma forma de energia, é possível concluir que havendo energia pode haver calor?

Vamos discutir isso. Todos já experimentamos esfregar as mãos para "esquentá-las". Nesse procedimento, está claro que houve a produção de calor. Esforço físico, como pedalar uma bicicleta ladeira acima, produz calor em nosso corpo, que vai sendo transferido para o ambiente pelo suor. Depois de utilizar uma broca para perfurar um material, percebe-se que ela fica aquecida, ou seja, **processos mecânicos** produziram calor. O calor também é encontrado nos lugares em que a energia elétrica contribui com a sua geração, como:

- em alimentos aquecidos em fornos de micro-ondas;
- na água de aquecedores elétricos;
- na placa de metal de um ferro elétrico de passar roupa.

Perda de calor

Há casos em que há perda de calor, como por exemplo, em dias frios. Neste caso, para não perder o calor produzido pelo corpo, nos agasalhamos. Entretanto, há processos em que a perda de calor é necessária. Em casos de febre, por exemplo, os medicamentos produzem um efeito de diminuir o metabolismo e, consequentemente, diminuir a temperatura do corpo. Também, em alguns casos, diminui-se a temperatura de alguns alimentos, por um determinado tempo, para mantê-los próprios para consumo. Há também o caso de, em dias quentes, a maioria das pessoas preferir um local refrigerado para trabalho ou lazer.

» PARA REFLETIR

A energia elétrica produz calor. Quais outras fontes de calor você conhece?

Calor específico

É evidente que aumentando a quantidade de energia (calor) fornecida a um corpo, este sofrerá uma variação de temperatura mais rápida. Entretanto, a quantidade de calor necessária para o aumento da temperatura depende do material de que é composto o corpo. Assim, algum fator determina que um corpo necessite de maior quantidade de energia para, por exemplo, passar do estado sólido para o líquido. Esse fator é definido como **calor específico**, determinando quanto de calor deve ser fornecido para que a substância eleve sua temperatura de 1 K (um Kelvin), onde K é a unidade de temperatura na escala Kelvin, definida como padrão pelo Sistema Internacional de Unidades.

>> **PARA REFLETIR**

Se um corpo não produz calor, como pode aumentar a temperatura tão rapidamente?

O Quadro 5.1 mostra valores de calor específico (c) de algumas substâncias.

Quadro 5.1 » Calor específico de algumas substâncias

Substância	c (cal/g °C)
Água	1
Álcool	0,60
Alumínio polido	0,21
Asfalto	0,22
Cimento	0,20
Cobre	0,095
Ferro	0,11
Gesso	0,26
Pinho (madeira)	0,65
Vidro comum	0,20

Comparando os valores do calor específico do alumínio e do cobre, apresentados no quadro acima, verifica-se que é necessário fornecer mais calor ao alumínio do que ao cobre para que haja variação de temperatura de um grau Celsius. Justifica-se, portanto, a utilização de alumínio em esquadrias de janelas, pois, comparado ao cobre, por exemplo, para que o alumínio sofra algum tipo de deformação, é necessário fornecer muito calor.

>> APLICAÇÃO

Relacione os motivos pelos quais é preferível utilizar chapas de alumínio em vez de chapas de cobre em luminárias colocadas em postes.

Gradiente de temperatura
Como o calor flui?

A transferência de calor é um processo que ocorre sempre que há diferença de temperatura (**gradiente de temperatura**) entre dois sistemas distintos (sólido ou fluido) em contato (veja a Figura 5.4). Quanto maior a diferença de temperatura entre os dois sistemas, maior será o fluxo (taxa de transferência) que ocorre entre eles.

>> **DEFINIÇÃO**
Gradiente de temperatura é a diferença de temperatura entre dois pontos estudados em um sistema. Descreve a direção e a taxa de mudança de temperatura.

Figura 5.4 A diferença de temperatura é a força motriz da transferência de calor. Quanto maior a diferença de temperatura, maior a taxa de transferência de calor.
Fonte: Çengel e Boles (2011).

>> Mecanismos de transferência de calor

Se temperatura e calor estão relacionados, então alguns processos de transformação utilizam-se dessa relação para produzirem determinados materiais. O vidro é um exemplo prático de como aproveitar a transferência de calor. Por meio do processo de fundição, a sílica ou o quartzo recebem uma quantidade enorme de energia, tornando-se um líquido com um grau de viscosidade muito grande. Nesse processo, a temperatura chega a 1723°C. Assim, após a mistura de algumas outras substâncias, consegue-se moldar esse líquido com a forma de uma jarra, por exemplo.

Como comparação, o filamento de uma lâmpada incandescente acesa pode atingir 2000°C, aproximadamente. Para que o processo seja mais rápido, mistura-se o quartzo com outros materiais, mudando o ponto de fusão para uma temperatura mais baixa. Compreender os **mecanismos de transferência de calor** possibilita, por exemplo, determinar o custo de energia elétrica para aquecer uma sala por meio de um aquecedor elétrico, ou então determinar qual o material mais adequado para se utilizar como telhado em uma região com condições climáticas conhecidas.

Condução

Uma forma de transferir calor de um ponto a outro, em um mesmo sistema (corpo), é através do processo de **condução** (Figura 5.5).

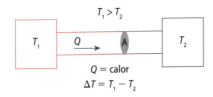

Figura 5.5 Diagrama do processo de transferência de calor por condução.

A **condutividade térmica** é o fator que determina se um sistema é bom condutor de calor. Altos valores de condutividade térmica implicam em bons condutores de calor (Quadro 5.2). Ter noção da condutividade térmica de um determinado material significa compreender o porquê da:

- utilização de cabos de baquelite nas panelas;
- segurança na escolha dos fios elétricos a serem instalados nas residências e indústrias;
- escolha do tipo de telhado, seja de cerâmica ou de fibro-cimento, dependendo do clima da região;
- opção pelo tecido usado em roupas de mergulho, que aliem conforto e segurança.

O Quadro 5.2 mostra valores de coeficiente de condutividade térmica de alguns materiais. Quanto maior o valor do coeficiente, maior é a velocidade de transferência de calor de um ponto a outro no material. Comparando alumínio e cobre, observa-se que o valor da condutividade térmica do cobre é superior, e este é um dos fatores para sua utilização em tubos para transporte de água aquecida.

» DEFINIÇÃO
Em termos científicos, a **condução** é um processo que ocorre por interação molecular, em que o deslocamento de elétrons livres e da radiação intermolecular vai transmitindo a energia de um ponto a outro. Em termos práticos, a transferência de energia ocorre devido a um gradiente de temperatura existente dentro do corpo (sistema). Se você comparar dois corpos de materiais diferentes, em um deles esta transferência de calor pode ser mais rápida.

Quadro 5.2 » **Valores de condutividade térmica de alguns materiais**

Material	Condutividade térmica (W/m K)
Cobre	385
Alumínio	205
Ferro	79,5
Gelo	1,7
Concreto	0,8
Vidro	0,8
Tijolo	0,6
Madeira	0,12 – 0,04

Ainda com relação aos dados do quadro e tendo conhecimento de que o processo de condução do calor ocorre no interior do material, conclui-se que a condutividade é uma característica intrínseca do material e que há velocidades de transferência de calor diferentes. Quanto maior for a condutividade térmica, maior é a velocidade com que o calor se transfere pelo material. Essa característica do material pode auxiliar em construções civis e também na construção e desenvolvimento de, por exemplo, equipamentos eletroeletrônicos e utensílios domésticos.

» PARA REFLETIR

Por que será que os fusíveis de equipamentos eletrônicos utilizam filamentos de cobre? Existe alguma relação com "esquentar mais rápido"?

» APLICAÇÃO

Procure uma aplicação prática para algum material do Quadro 5.2. Justifique sua aplicação comparando com outro material.

Ao conhecer como varia a temperatura interna e externa de uma casa, por exemplo, pode-se projetar uma parede com determinada espessura e determinado material, realizando um projeto que atenda às necessidades do proprietário (veja a Figura 5.6). Em instalações elétricas, são consideradas algumas variáveis para que não ocorra a condução de calor em excesso no fio de metal, a fim de não causar dano ao material que o isola.

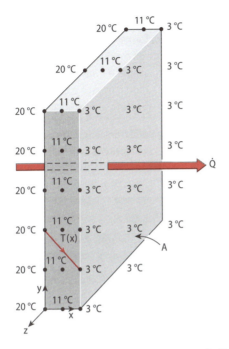

Figura 5.6 Transferência de calor através de uma parede é unidimensional quando a temperatura da parede varia em uma só direção.
Fonte: Çengel (2010).

Convecção

Observando os esportistas de voo livre, é impressionante a capacidade que eles têm de permanecer tanto tempo no ar. Nada como aproveitar a **convecção**, ou seja, a transferência de calor que ocorre no ar (fluido). A Figura 5.7 mostra como a transferência de calor por convecção se processa em um ambiente.

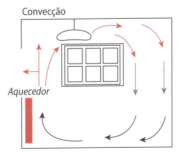

Figura 5.7 Corrente de convecção em um ambiente.

O ar é aquecido e sobe (setas vermelhas). Com a perda de calor do ar, sua temperatura vai lentamente diminuindo e esta camada de ar começa a descer (setas cinzas) até atingir uma temperatura mínima (setas pretas).

> **DEFINIÇÃO**
> A **convecção**, que pode ser natural ou forçada, é um processo de transferência de calor que ocorre entre uma superfície sólida, a uma determinada temperatura, e um fluido adjacente com temperatura diferente. A convecção também ocorre dentro do fluido (gás ou líquido) através do seu próprio movimento.

Radiação

A **radiação térmica** é uma outra forma de transferência de energia por meio de ondas eletromagnéticas. Diferente da condução ou convecção, não existe a necessidade de um meio material para ocorrer a transferência. Um exemplo prático é o calor vindo do Sol, que atravessa todo o espaço e chega à Terra. Qualquer corpo com temperatura acima do **zero absoluto** emite radiação térmica.

Se um corpo recebe energia, ele pode transferir parte dessa energia em forma de radiação, através da reflexão. É o que acontece com todos objetos expostos ao Sol, como mostra a Figura 5.8.

» **ATENÇÃO**
Zero absoluto é a temperatura de 0 K, unidade de medida padrão, definido pelo Sistema Internacional de Unidades e equivale a aproximadamente −273°C.

Figura 5.8 Radiação térmica emitida pelas construções de um centro urbano.
Fonte: Arizona State University (20--?).

» Emissividade, inércia e dilatação térmica

Um dos materiais mais utilizados em edificações é o vidro. Uma de suas características é a **emissividade**, ou seja, a capacidade de emitir ou refletir a radiação infravermelha, de alta energia.

Segundo o Quadro 5.3, o amianto possui um valor de emissividade próximo a 1, o que significa que ele praticamente retém – absorve – toda a energia da radiação recebida pelo Sol, por exemplo. Já com o cobre acontece o oposto, ele praticamente emite toda a energia recebida em forma de radiação.

Assim, seria razoável, em regiões de calor, ter um teto de cobre polido, já que esse material praticamente emite toda a energia recebida? Mas é claro que não, pois ele pode emitir todo o calor recebido para dentro da residência. Então, por que ainda há sensação de calor dentro de uma residência mesmo quando, do dia para a noite, há uma diminuição de temperatura no meio ambiente?

Isso ocorre devido à **inércia térmica**, ou seja, a capacidade de determinados materiais armazenarem calor. Veja a emissividade do tijolo no Quadro 5.3. Devido a seu valor de emissividade ser próximo a 1, ele consegue absorver o calor durante

Quadro 5.3 » **Valores de emissividade de alguns materiais**

Material	Emissividade
Alumínio polido	0,05
Amianto	0,96
Areia	0,90
Cobre polido	0,01
Concreto	0,94
Ferro polido	0,23
Tijolo comum	0,85
Tinta a óleo	0,94
Vidro	0,92

todo o processo de incidência de radiação e, com a variação da temperatura externa, transferir parte dessa energia para o ambiente.

Assim, um edifício que apresenta elevada inércia térmica tem a capacidade de armazenar a energia absorvida e amenizar, assim, os efeitos das variações climáticas. Além disso, contribui armazenando a radiação emitida pelo Sol no inverno e restituindo essa energia para o interior dos ambientes, garantindo um conforto térmico e prevenindo fenômenos de superaquecimento, característicos no verão, devido a um aumento acentuado da temperatura exterior durante o dia.

A inércia térmica é, pois, uma variável de extrema importância no que diz respeito ao desempenho térmico de um edifício. Assim, a capacidade de armazenamento térmico deverá ser conhecida e considerada no projeto no que diz respeito à geometria, ao clima da região e ao regime de ocupação.

> **» PARA REFLETIR**
>
> O calor é capaz de aumentar ou diminuir o tamanho de um objeto?

Quando se dá o início da transferência de calor em um material, acontece um fenômeno relacionado com as dimensões físicas. É a **dilatação térmica**, possível de ser estudada em três dimensões:

- Linear
- Superficial
- Volumétrica

A dilatação térmica é verificada em quase todos os sólidos, líquidos e gases. No estudo de dilatação térmica linear, considera-se apenas a dilatação relacionada com o comprimento do material. Analogamente, quando em duas dimensões, consideram-se duas dilatações lineares como, por exemplo, comprimento e largura. Já em três dimensões, tem-se todo o volume a ser considerado no estudo.

O Quadro 5.4 mostra alguns coeficientes de dilatação linear. O menor valor encontrado é para o vidro pirex. Para cada aumento de 1°C de temperatura, o vidro dilata linearmente de 0,0000032 m. O tijolo também possui um valor de dilatação linear bem baixo. Imagine se o tijolo tivesse um alto valor de coeficiente de dilatação linear, como é o caso da água, por exemplo. Se assim fosse, o aumento de temperatura provocaria uma dilatação no tijolo de forma que poderia facilmente provocar rachaduras nas paredes.

Quadro 5.4 » Valores de coeficiente de dilatação térmica linear (a)

Material	α (°C^{-1})
Água	$69,0 \times 10^{-6}$
Alumínio	$24,0 \times 10^{-6}$
Cobre	$16,8 \times 10^{-6}$
Madeira	$30,0 \times 10^{-6}$
Tijolo	$6,0 \times 10^{-6}$
Vidro pirex	$3,2 \times 10^{-6}$

» Aproveitando a energia da radiação eletromagética

Alguns materiais possuem a propriedade de dificultar a passagem de algumas frequências de ondas eletromagnéticas, como, por exemplo, madeira e tijolo. A **radiação térmica** é emitida e absorvida em uma região muito próxima à superfície. Entretanto, isso não acontece com materiais translúcidos ou transparentes. Nesse tipo de material, grande parte da radiação térmica pode ser transmitida de um ambiente para outro. Um exemplo desse tipo de material é o vidro.

Dependendo da posição em que se coloca o vidro, grande parte da radiação que incide sobre ele pode ser transmitida (veja a Figura 5.9). Assim, toda a radiação transmitida incide sobre a massa de ar no interior de uma sala, por exemplo, aquecendo-a. Essa massa de ar se movimenta e, por convecção e/ou condução, aquece todo o ambiente interno. Coletores solares também utilizam a radiação para aquecer a água.

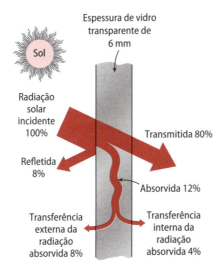

Figura 5.9 Distribuição da radiação solar incidente sobre um vidro claro.

» Relações matemáticas

Durante todo o desenvolvimento da termodinâmica, muitos cientistas procuraram equacionar ou relacionar os fenômenos com uma **expressão matemática** que pudesse comprovar teoricamente cada observação realizada. Algumas dessas importantes relações estão descritas a seguir.

» Quantidade de calor

A relação para quantidade de calor é descrita como:

$$Q = m \times c \times \Delta T$$

onde:

- *Q*: quantidade de calor fornecida, expressa em calorias (cal);
- *m*: massa, expressa em gramas (g);
- *c*: calor específico do material, cuja unidade é cal/g°C;
- Δ*T*: variação de temperatura, diferença entre a temperatura final e a temperatura inicial (°C).

>> PARA REFLETIR

Discuta com um colega se os dados de temperatura seriam alterados caso houvesse uma diminuição na espessura do asfalto.

>> Dilatação térmica

Experimentalmente, observa-se que um corpo tem um aumento em seu volume ao receber uma quantidade de calor. A variação de temperatura é um fator que influencia todos os corpos. Entretanto, alguns se dilatam mais que outros, caracterizando uma propriedade do material: seu **coeficiente de dilatação**. A seguir, serão apresentadas as expressões matemáticas que descrevem o fenômeno de dilatação para os materiais, levando em consideração a direção da dilatação. A primeira expressão matemática é sobre dilatação térmica linear:

$$L - L_0 = \alpha L_0 \Delta T$$

A segunda expressão matemática é sobre dilatação térmica superficial:

$$S - S_0 = \beta S_0 \Delta T$$

A terceira expressão matemática é sobre dilatação térmica volumétrica:

$$V - V_0 = \gamma V_0 \Delta T$$

O Quadro 5.5 mostra os coeficientes de dilatação.

Quadro 5.5 » **Coeficiente de dilatação**

Linear	α	–
Superficial	β	$\beta = 2\alpha$
Volumétrica	γ	$\gamma = 3\alpha$

Conhecer o coeficiente de dilatação de diferentes materiais é importante na construção civil. Por exemplo, no dimensionamento de placas de concreto de um pavimento e das juntas de dilatação necessárias em função da variação volumétrica decorrente da variação de temperatura.

Também, de forma semelhante, possibilita instalar cabos elétricos entre dois postes sem o prejuízo de romper os cabos quando ocorrerem variações de temperatura, pois os cabos podem se contrair e romper, prejudicando o fornecimento de energia.

» APLICAÇÃO

Um tijolo de barro, segundo a Associação Brasileira de Normas Técnicas (1983), mede 19 cm × 9 cm × 5,7 cm. Imaginemos que ele sofra dilatação linear, apenas uma dimensão, e que seja no comprimento. A relação matemática para a dilatação linear é dada pela expressão:

$$L - L_0 = \alpha L_0 \Delta T$$

onde:

- L: comprimento final na temperatura final (T_f);
- L_0: comprimento inicial na temperatura inicial T_0 que, neste caso, é de 19 cm ou 0,19 m;
- α: coeficiente de dilatação linear que, neste caso particular, valeria $6 \times 10^{-6} \,°C^{-1}$;
- ΔT: variação de temperatura, diferença entre a temperatura final (T_f) e a temperatura inicial (T_0) que, por hora, valerá 1°C.

Substituindo os valores, obtém-se comprimento final com o valor de 0,1911 m ou 19,11 cm

Observando os outros valores do Quadro 5.4, pode-se justificar a utilização de determinada substância para a construção de algum equipamento ou material a ser utilizado no dia a dia. Entretanto, é importante também notar que a utilização de um material é útil para algumas aplicações e não para outras.

Justifique, portanto, a utilização do tijolo de barro para a construção de paredes em regiões de muito calor. Faça um comparativo com outros materiais.

» APLICAÇÃO

As chamadas "ilhas urbanas de calor" podem ser verificadas nos grandes centros urbanos e decorrem, em grande parte, da concentração de edificações e, principalmente, dos materiais utilizados nas construções: asfalto, concreto, telhas, etc. As temperaturas na área urbana são mais elevadas quando comparadas às temperaturas nas regiões vizinhas não povoadas. Uma das origens desse efeito é o calor absorvido pelas superfícies escuras, como as ruas asfaltadas e determinados tipos de revestimentos das fachadas e das coberturas de prédios. A substituição de materiais escuros por materiais de coloração mais clara já seria um fator de redução desse efeito. A Figura 5.10 mostra a temperatura, em um dia de Sol intenso, de dois pátios de manobras de uma empresa, cada um com área equivalente a 5.000 m². Um está recoberto com asfalto e outro com blocos sextavados intertravados.

A partir da Figura 5.10 é possível responder:

- Qual é curva corresponde à variação de temperatura ocorrida no pátio pavimentado com asfalto? Justifique.

A curva que apresenta maiores valores de temperatura é a representada pelos pontos vermelhos, pois se sabe que o asfalto absorve mais o calor devido a suas características. Consequentemente, a outra curva representa o pátio revestido com blocos.

- Qual é a diferença máxima e mínima de temperatura entre os dois pátios de manobras?

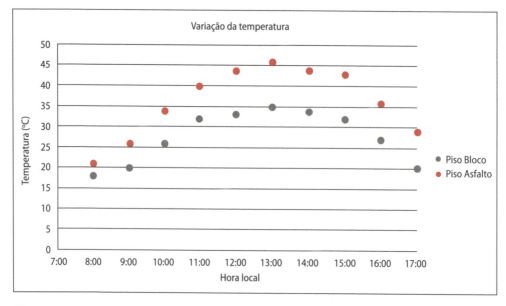

Figura 5.10 Comparativo do comportamento da temperatura em dois tipos de pavimento.

No horário das 8h, ocorre a mínima diferença de temperatura, no valor de 3°C. A maior diferença de temperatura, 11°C, é encontrada às 13h.

» APLICAÇÃO

Ainda podemos calcular a espessura do pavimento asfáltico, sabendo que a quantidade de calor necessária para a elevação da temperatura ocorrida no intervalo entre 8h e 13h foi Q = 4,3 × 10^{7}kJ, a densidade do asfalto é 2.300 kg/m³ e seu calor específico é c = 0,75 kJ/kg°C. Neste caso, podemos desprezar perdas de calor.

Assim sendo, é possível obter a diferença de temperatura mínima e máxima para o piso asfáltico:

$$\Delta T = 46 - 22 = 24\,°C$$

A partir da **quantidade de calor**, Q = 4,3 × 10^7 kJ, e do **calor específico** do asfalto, c = 0,75 kJ/g°C, é possível determinar a massa de asfalto que sofre esta variação de temperatura.

$$Q = m \times c \times \Delta T \rightarrow 4,3 \times 10^7 = m \times 0,75 \times 24$$

Como resultado da equação, obtém-se massa no valor de 2,3 × 10^6 kg.

A massa será importante para os cálculos seguintes:

densidade (ρ)

$$\rho = \frac{massa\,(m)}{volume\,(V)}$$

volume (V)

$$V = área\,(A) \times e\,(espessura)$$

Com estas duas relações, concluímos que a espessura (e) pode ser escrita como:

$$e = \frac{m}{A \times \rho}$$

Substituindo os valores, determina-se que a espessura do pavimento asfáltico é 0,20 m ou 20 cm.

>> RESUMO

Neste capítulo, verificamos a importância de conhecer as características térmicas dos materiais para a sua correta especificação na aplicação em projetos da construção civil. O processo de transferência de calor é um fenômeno a ser considerado no dimensionamento de espaços arquitetônicos, tendo em vista o alcance do conforto ambiental desejado. Dessa forma, o estudo dos conceitos da termologia representa a base necessária para concepção de projetos e a definição de critérios para a especificação de materiais e de sistemas construtivos.

>> Atividades

1. Verificou-se que um trilho de ferro instalado em um parque temático teve seu comprimento aumentado em 1,2 cm quando a temperatura se elevou de 10°C para 30°C, o que causou o deslocamento dos dormentes. Calcule o comprimento, em metros, do trilho na temperatura de 10 °C, para que sejam dimensionadas as juntas de dilatação.

   Dado: coeficiente de dilatação linear do ferro é $12 \times 10^{-6}\, °C^{-1}$.

2. O sul do Brasil, no inverno, sofre com as temperaturas extremamente baixas, com ocorrência de geadas e neve. Embora seja uma estação aguardada pelos turistas, os transtornos causados são muitos. A rede hidráulica é um exemplo, pois o congelamento da água que está nas tubulações metálicas provoca fissuras nos canos e o decorrente rompimento. Explique porque isso ocorre, com base nos conhecimentos de termologia.

3. Um tanque para peixes ornamentais foi projetado para compor a área externa de um *shopping*. Com 40 m² de área, contém água com 1,00 m de profundidade. Calcule o tempo necessário de exposição à radiação solar para que a temperatura da água eleve de 18°C para 20°C. Considere a potência absorvida da radiação solar, por unidade de área, igual a 836 W/m².

4. Verificou-se a necessidade de executar o isolamento térmico de um laboratório, de maneira que as paredes permitam uma transmissão máxima de calor, por unidade de área, de 10 W/m². Sabendo que a temperatura no interior do ambiente é mantida a 20°C e no exterior chega a atingir uma temperatura máxima de 35°C, dimensione a espessura mínima da lã de vidro, em centímetros, que deve ser usada no revestimento das paredes. Sabe-se que o coeficiente de condutividade térmica da lã é H =0,04 W/mK.

5. Duas salas de metragem idêntica estão separadas por uma divisória de espessura L = 5,0 cm, área A = 100 m² e condutividade térmica H = 2,0 W/mK. Uma das salas é usada como cozinha, chegando a uma temperatura T1 = 35°C, enquanto que a outra é usada como despensa, com temperatura interna

T2 = 15°C. Considerando o ar como um gás ideal e o conjunto das duas salas um sistema isolado, calcule o fluxo de calor, através da divisória, relativo às temperaturas iniciais T2 e T1.

6. Energia solar é aquela proveniente do Sol (energia térmica e luminosa). Em residências, a energia solar é utilizada, principalmente, para o aquecimento da água, como mostra a Figura 5.11. Pode ser obtida por uma placa escura coberta por vidro, pela qual passa um tubo em que a água circula. Analise as seguintes afirmações quanto aos materiais utilizados no aquecedor solar e assinale a alternativa correta:

I. Para conduzir melhor o calor, o reservatório de água quente deve ser metálico.
II. Como ocorre na estufa, a cobertura de vidro tem como função reter melhor o calor.
III. A placa utilizada é escura para absorver melhor a energia radiante do Sol, aquecendo a água com maior eficiência.

   a) Somente a afirmação I está correta.
   b) Somente as afirmações I e II estão corretas.
   c) Somente a afirmação II está correta.
   d) Somente as afirmações I e III estão corretas.
   e) Somente as afirmações II e III estão corretas.

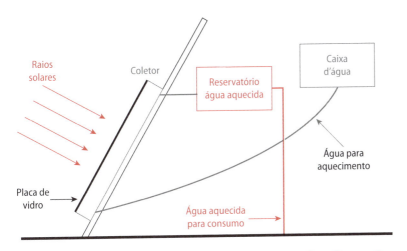

Figura 5.11 Esquematização de aquecimento de água utilizando energia solar.

REFERÊNCIAS

ARIZONA STATE UNIVERSITY. Center for Environmental Fluid Dynamics. *Infrared*. Arizona: Arizona State University, [20--?]. Disponível em: <http://efd.asu.edu/files/images/infrared_3.jpg>. Acesso em: 28 ago. 2013.

ASSOCIAÇÃO BRASILEIRA DE NORMAS TÉCNICAS. *NBR 7170:* Tijolo Maciço Cerâmico para Alvenaria. Rio de Janeiro: ABNT, 1983.

ÇENGEL, Y. A. *Transferência de calor e massa:* uma abordagem prática. 3. ed. Porto Alegre: Bookman, 2010.

ÇENGEL, Y. A.; BOLES, M. A. *Termodinâmica*. 5. ed. Porto Alegre: Bookman, 2011.

SCOTT, W. *Types of weather instruments*. New York: Bright Hub, 2011. Disponível em: < http://www.brighthub.com/environment/science-environmental/articles/109209.aspx>. Acesso em: 28 ago. 2013.

LEITURAS RECOMENDADAS

ANJOS, T. A. *A perda de calor no organismo humano*. [S.l.]: Brasil Escola, [20--?]. Disponível em: <http://www.brasilescola.com/fisica/a-perda-calor-no-organismo-humano.htm>. Acesso em: 20 ago. 2013.

BASSALO, J. M. F. A crônica do calor: termometria. *Revista Brasileira de Ensino de Física*, v. 13, n. 1, p. 135-161, 1991.

CINDRA, J. L.; TEIXEIRA, O. P. B. Discussão conceitual para o equilíbrio térmico. *Caderno Brasileiro de Ensino de Física*, v. 21, n. 2, p. 176-193, 2004.

ESCOLA INTERATIVA. *A transmissão de calor por condução*. [S.l.]: Grupo Expoente, [200--?]. Disponível em: <http://www.escolainterativa.com.br/canais/18_vestibular/estude/fisic/tem/fis_011.asp>. Acesso em: 20 ago. 2013.

FLUKE CORPORATION. [Site]. Norwich: Fluke, [20--?]. Disponível em: <http://www.fluke.eu/comx/show_product.aspx?locale=ptpt&pid=37822>. Acesso em: 20 ago. 2013.

GONÇALVES, L. J. *Termômetros*. Porto Alegre: UFRGS, [20--?]. Disponível em: <http://www.if.ufrgs.br/cref/leila/termo.htm>. Acesso em: 20 ago. 2013.

HEWITT, P. G. *Conceptual physics*: a high school physics program. California: Addison-Wesley, 1987.

HYPERPHYSICS. *Thermal conductivity*. Atlanta: Georgia State University, [20--?]. Disponível em <http://hyperphysics.phy-astr.gsu.edu/hbase/tables/thrcn.html>. Acesso em: 20 ago. 2013.

KNIGHT, R. *Física 2:* uma abordagem estratégica. Porto Alegre: Bookman, 2009.

KREITH, F. *Princípios da transmissão de calor*. São Paulo: Edgard Blucher, 1973.

PERFILOR. *Desempenho térmico de coberturas*. São Paulo: Perfilor, [20--?]. Disponível em: <http://www.perfilor.com.br/texto_03.php>. Acesso em: 20 ago. 2013.

PIRES, D. P. L.; AFONSO, J. C.; CHAVES, F. A. B. A termometria nos séculos XIX e XX. *Revista Brasileira de Ensino de Física*, v. 28, n. 1, p. 101-114, 2006.

SOARES, M. *Radiação*. [S.l.]: MSPC, [20--?]. Disponível em: <http://www.mspc.eng.br/termo/trc_01K0.shtml>. Acesso em: 20 ago. 2013.

UNIVERSIDAD POLITÉCNICA DE CARTAGENA. *Termodinámica aplicada*. Cartagena: Universidad Politécnica de Cartagena, 2012.

VAZQUEZ DIAZ, J. Algunos aspectos a considerar en la didáctica del calor. *Enseñanza de las Ciencias*, v. 5, n. 3, p. 235-238, 1987.

VÓRTEX EQUIPAMENTOS. *Emissividade*. Belo Horizonte: Vórtex, [20--?]. Disponível em: <http://www.vortex.com.br/raytek/emissividade.html>. Acesso em: 20 ago. 2013.

capítulo 6

Estudos topográficos

Do alto de um edifício, olhando para o horizonte, vislumbra-se uma paisagem cortada por árvores e outras edificações. É possível enxergar esses elementos ao nosso redor porque a luz que eles refletem chega aos nossos olhos. Com base nesse fenômeno, alguns equipamentos utilizados para realizar medições utilizam a luz como instrumento. Neste capítulo, serão abordados conceitos relacionados à óptica, necessários para compreender os princípios das medições de ângulos e de distâncias realizadas na construção civil.

Expectativas de aprendizagem
» Reconhecer técnicas, processos e equipamentos para execução de levantamentos topográficos.
» Calcular ângulos, distâncias e áreas de grandes glebas.
» Processar dados topográficos.

Bases Tecnológicas
» Georreferenciamento.
» Interpretação de dados.
» Sistema GIS.
» Medições topográficas.
» Orientações e alinhamentos topográficos.
» Cálculos de ângulos, distâncias e áreas de grandes glebas.

Bases Científicas
» Conceitos de óptica.
» Reflexão e refração.
» Reflexão regular e difusa.
» Raios de luz – trajetória.
» Distância focal.
» Aquecimento e luminosidade.
» Ângulos – rumos e azimutes.

>> Introdução

A **óptica** é a parte da física que estuda os fenômenos relacionados à luz – a mesma luz que incide sobre a folha que você está lendo e que, depois de refletir, atinge seus olhos para leitura. Em alguns casos, há a necessidade de equipamentos ou instrumentos que auxiliem a leitura. Um exemplo são os óculos, cujas lentes auxiliam na definição dos contornos das letras.

Há também situações em que você deseja olhar algo mais de perto como, por exemplo, a superfície da Lua ou a estrutura de uma célula. Para esses casos são construídos sistemas de lentes que permitem a observação, por um telescópio, de detalhes da superfície da Lua e das estruturas internas complexas que compõem uma célula. Na observação de uma imagem, é possível associar a luz com seus fenômenos. A partir dessas observações, vários instrumentos ópticos foram desenvolvidos para obter determinadas informações ou mesmo para transmitir dados.

O desenvolvimento da tecnologia atual só foi possível porque o homem percebeu que para ver um objeto é necessária a incidência de luz e que, por sua vez, o objeto reflita a luz diretamente para nossos olhos. Isso mesmo: diretamente, pois só assim você vê o objeto. Tente o seguinte: erga sua cabeça e, sem virá-la para os lados, determine o que pode ser visto. Com certeza, alguns objetos ou pessoas estão presentes e você sabe que estão. Entretanto, não os vê. Isso ocorre porque a luz que eles refletem não chega diretamente a seus olhos. Essa observação nos leva à conclusão de que, em um meio homogêneo, como o ar, a luz se propaga em linha reta.

>> Reflexão e refração

Enquanto não havia com clareza uma definição sobre a natureza da luz, foram desenvolvidas teorias da óptica para explicar alguns fenômenos observados em espelhos e lentes. Um dos primeiros conceitos foi o da **reflexão**, cujo fenômeno está ilustrado na Figura 6.1. Mesmo não vendo a torre da igreja, somos capazes de observá-la devido ao reflexo nos vidros do edifício. A torre reflete a luz incidente e a envia para os vidros que, por sua vez, a reflete novamente e a envia diretamente para nossos olhos.

A luz refletida pelos vidros não fez curvas. Como assim?

Figura 6.1 A reflexão é um fenômeno cotidiano.
Fonte: Knight (2009).

Se a luz pudesse fazer curvas, poderíamos ver os objetos que estão, por exemplo, atrás de uma parede. Mas isto não acontece. Assim, uma primeira propriedade do comportamento da luz é de que ela "caminha" em **linha reta**.

» Reflexão regular e difusa

Com relação ao reflexo observado, quanto mais polida e perfeita for a superfície refletora, melhor será a imagem obtida. Justifica-se, assim, a importância dada à qualidade dos espelhos retrovisores em veículos ou aos pequenos espelhos utilizados pelos dentistas, por exemplo, em que se busca uma imagem muito próxima do real. Nesses casos, busca-se a **reflexão regular**.

Entretanto, é interessante perceber que nem sempre se deseja uma reflexão perfeita da luz sobre uma superfície. A superfície das paredes precisa ser minimamente irregular para que possa refletir a luz incidente para todas as direções por meio da **reflexão difusa**. A Figura 6.2 apresenta o esquema da reflexão regular e da reflexão difusa.

» **ASSISTA AO FILME**
Para assistir a um vídeo que mostra o comportamento de um raio de luz sobre uma superfície refletora, visite o ambiente virtual de aprendizagem Tekne: **www.bookman.com.br/tekne**.

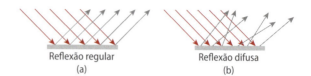

Figura 6.2 Diagrama de uma (a) reflexão regular e (b) reflexão difusa.

» Refração

Algumas vezes, vemos um objeto em posições diferentes, como mostrado na Figura 6.3, em que o objeto que se vê (b) está deslocado de sua posição real (a). Isso acontece porque os raios de luz sofreram um desvio quando, em sua trajetória, encontraram um meio diferente. Quando a luz passou do ar (meio 1) para o vidro (meio 2), ocorre o primeiro desvio em sua trajetória. Já o segundo desvio ocorre quando a luz vai do vidro (meio 2) para o ar (meio 1). O objeto que você vê através do vidro não está na posição real. A todos esses desvios que ocorrem durante a trajetória da luz do olho até o objeto dá-se o nome de **refração**.

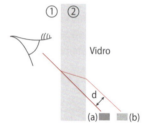

Figura 6.3 O objeto que se vê (b) está deslocado de sua posição real (a).

» Representação dos raios de luz

Vimos que o raio de luz percorre uma trajetória retilínea e que pode sofrer reflexão e refração. Sabemos, também, que existem espelhos – côncavos e convexos – e lentes – convergentes e divergentes – que se utilizam dos raios de luz para criar fenômenos ópticos, como o aumento ou a diminuição de imagens ou mesmo ilusões ópticas. Então, para que os fenômenos observados com a luz representassem a realidade, elaborou-se uma teoria denominada **óptica geométrica**. Muito dessa teoria se relaciona com a trigonometria, pois trata de relações básicas entre triângulos e ângulos.

Assim, a partir de representação gráfica e das relações matemáticas encontradas, foram apresentadas equações que comprovassem a teoria por meio dos resultados experimentais. Além disso, a teoria da óptica geométrica possibilitou a construção e o desenvolvimento tecnológico de máquinas e equipamentos que moldassem e gerassem espelhos e lentes para atender a diferentes necessidades. Exemplos são identificados diariamente:

- espelhos esféricos em ônibus e retrovisores de automóveis;
- lentes de contato e de óculos;
- lentes para lunetas e telescópios;
- vidros para janelas residenciais.

» Utilizando a energia luminosa

Se pensarmos exclusivamente no conforto de uma construção com o aproveitamento da luz natural e no bom dimensionamento das luzes artificiais, então a luz serve (e muito) para uma boa iluminação. Vale lembrar que um bom projeto de iluminação interna promove e contribui significativamente com o meio ambiente, realizando economias no consumo de energia elétrica. A luz é uma fonte de energia e, por isso, aproveita-se essa energia para desenvolver tecnologias como, por exemplo:

- Coletor solar
- Aquecedor solar
- Sensores em lojas e garagens

> » **PARA REFLETIR**
>
> Basicamente, a luz só serve para iluminar?

Aproveitamento da luz

A luz também pode interferir no conforto térmico de um ambiente através do processo de insolação. Por isso, a preocupação com a forma e a orientação da edificação, a fim de que se possa tirar maior proveito da energia da luz e propiciar um maior conforto em épocas de temperaturas mais baixas ou mais altas. Assim, cientistas que estudam materiais, bem como técnicos e engenheiros, após observações e pesquisas, chegaram a algumas conclusões com relação à posição das janelas para obter um melhor aproveitamento da luz (Quadro 6.1).

Quadro 6.1 » Posição das janelas para um melhor aproveitamento da luz

Janelas voltadas para	Características
Norte geográfico	• Sol e calor penetram no inverno e, no verão, evita-se o superaquecimento. • Essa é a melhor orientação possível e muito recomendável para ambientes de longa permanência.
Sul geográfico	• Sol incide durante todo o verão e há pouca incidência no inverno. • Preferencial para áreas de serviço, garagens, adegas.
Leste	• Agradável conforto no ambiente pela manhã, chegando a incomodar um pouco no verão.
Oeste	• Incômodo no verão, tornando o ambiente muito quente.

Opacidade e transparência

Outro fator influencia significativamente o aumento da temperatura no interior do ambiente e está relacionado ao fato de um obstáculo ser opaco ou transparente. Quando **opaco**, o obstáculo consegue refletir grande parte da radiação solar incidente, propiciando um ambiente interno com uma temperatura agradável. Quando o obstáculo é **transparente**, ou translúcido, grande parte da radiação solar incidente atravessa o obstáculo, aquecendo o ar e aumentando a temperatura interna.

Alguns edifícios com amplas varandas possuem placas de vidro – obstáculos transparentes – que funcionam como proteção. Entretanto, essas placas de vidro podem transformar a varanda em uma pequena estufa, pois parte dos raios de luz que atravessam as placas não retornam e, uma vez confinados naquela região, utilizam sua energia para aquecer o ar.

Com o passar do tempo, mais raios atravessam as placas e ficam confinados no ambiente, o que implica um aumento da temperatura local. Por isso foram desenvolvidas películas que bloqueiam parte dos raios solares, os chamados **insufilmes**. Sua característica principal é bloquear os raios ultravioletas, pois transportam muita energia que é transferida para o meio ambiente após o choque.

Instrumento de medida

Você sabe que muitos equipamentos e instrumentos necessitam de corrente elétrica para funcionar. Entretanto, alguns necessitam apenas de luz ou da ausência dela. O **teodolito** é um deles. Trata-se de um instrumento parecido com uma luneta, muito utilizado pelos profissionais da construção civil (veja a Figura 6.4). Ele serve para medir ângulos horizontais e verticais por meio de um sistema de lentes que permite efetuar medidas em grandes distâncias.

As lentes utilizadas no teodolito são as mesmas que compõem uma luneta astronômica. Há duas lentes convergentes, uma objetiva e uma ocular, com **distâncias focais** diferentes. A lente objetiva fornece a imagem do objeto e a lente ocular aumenta as dimensões da imagem do objeto. A lente ocular é responsável por mostrar detalhes que a olho nu seriam impossíveis de ver. A Figura 6.5 mostra um diagrama da composição do conjunto óptico do teodolito.

Todos os raios de luz que atravessam a lente objetiva passam pelo foco da lente e, juntos, formam uma imagem invertida. Essa imagem servirá de objeto para a ocular e será ampliada. Cada lente possui uma distância focal responsável pela maior ou menor aproximação do objeto a ser observado. Ao aumentar a distância

> **» DEFINIÇÃO**
> **Distância focal** é a distância entre a lente e o foco.

> **» PARA REFLETIR**
> Quais instrumentos utilizam as características da luz?

Figura 6.4 Realização de uma leitura com o teodolito.
Fonte: © Kadmy/iStockphoto.com.

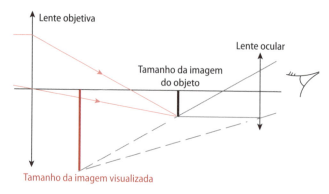

Figura 6.5 Esquematização do caminho dos raios de luz em um teodolito para a formação da imagem visualizada.

focal de uma lente, obtém-se como resultado um ângulo menor de visão e maior aproximação dos objetos.

Para a realização dos cálculos, você se cercou de conceitos e relações matemáticas de triângulos. Entretanto, para determinar precisamente o ângulo de inclinação do teodolito, você utilizou o fato da luz percorrer uma trajetória retilínea da extremidade superior da torre, atravessando o sistema de lentes do teodolito, até atingir seus olhos. Assim, para todas as medidas realizadas em campo, este conceito de retilinidade na trajetória de um raio de luz é amplamente utilizado.

» **IMPORTANTE**
Todos os raios de luz que atravessam uma lente convergente seguem em direção ao foco da lente.

» APLICAÇÃO

Vejamos como a trajetória retilínea da luz pode nos auxiliar nos problemas de medição. Digamos que você tenha que determinar a altura h de uma torre de transmissão utilizando o teodolito e uma trena. Você realizou duas medições e representou-as como na Figura 6.6.

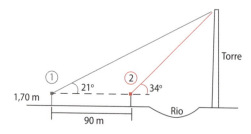

Figura 6.6 Posições em que são realizadas as leituras.

›› APLICAÇÃO

No primeiro ponto de medida (1), você posicionou o teodolito e, olhando através da luneta, procurou a extremidade superior da torre, obtendo uma inclinação de 21°. Em um segundo ponto (2), distante 90 m, obteve o valor de inclinação de 34°. Para a resolução deste problema, utiliza-se de um método bastante conhecido na matemática denominado de **semelhança de triângulos**. Da Figura 6.6, obtém-se dois triângulos:

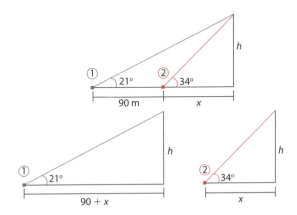

Utilizando a relação de tangente para os triângulos 1 e 2, obtém-se:

$$\text{tg } 21° = \frac{cateto\ oposto}{cateto\ adjacente} = \frac{h}{90+x}$$

e

$$\text{tg } 34° = \frac{cateto\ oposto}{cateto\ adjacente} = \frac{h}{x}$$

ou

$$\text{tg } 21° = \frac{h}{90+x}$$

e

$$\text{tg } 34° = \frac{h}{x}$$

(continua)

≫ APLICAÇÃO

(continuação)

Observe que, nas relações acima, há dois termos em comum: *h* e *x*. Isolando o termo *x* da relação 2, substituindo na relação 1 e realizando algumas operações matemáticas, encontra-se:

$$h = \frac{\text{tg } 34° \times \text{tg } 21° \times 90}{\text{tg } 34° - \text{tg } 21°} \cong 80{,}18 \text{ m}$$

Entretanto, o valor que você encontrou não é a altura total da torre. Observe que você deve somar o valor da altura do aparelho, 1,70 m. Assim, o resultado correto da altura total da torre é, aproximadamente, **81,88 m**.

≫ APLICAÇÃO

Para construir uma ponte sobre o rio, como mostrado na Figura 6.7, ligando dois pontos, A e O, localizados nas margens opostas, o topógrafo localizou um terceiro ponto, E, distante 300 m do ponto A, na mesma margem do rio. Com auxílio do teodolito, o topógrafo determinou que os ângulos Ê e Â mediam, respectivamente, 30° e 105°. A partir desses valores, é possível o topógrafo determinar o comprimento da ponte.

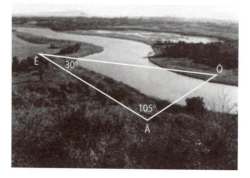

Figura 6.7 Teodolito empregado para medir o comprimento de uma ponte.

Para resolver o problema, é necessário conhecer o valor do ângulo Ô, para aplicar a lei dos senos no triângulo ABC. Como a soma dos ângulos internos de um triângulo vale 180°, então:

$$Ô = 180° - (Â + Ê) = 180° - (105° + 30°)$$

>> APLICAÇÃO

Portanto,

$$Ô = 45°$$

Utilizando a lei dos senos

$$\frac{\overline{AO}}{\text{sen } 30°} = \frac{300}{\text{sen } 45°}$$

Assim, determina-se que a distância AO, ou seja, o comprimento da ponte, deve ser de 212,3 m.

Vimos como determinar os ângulos com base no fenômeno da luz percorrer uma trajetória retilínea. Ao vermos o ponto A e o ponto O, significa que um raio de luz incidiu sobre esses pontos e foi refletido diretamente, em linha reta, para nossos olhos. No final das contas, qualquer objeto que você estiver vendo neste momento reflete a luz que incide sobre ele e direciona esse raio ou feixe de luz para os seus olhos.

>> ATENÇÃO
As lentes utilizadas no teodolito devem ser de boa qualidade e estar perfeitamente alinhadas para que não ocorram distorções na imagem formada, causando leituras equivocadas.

>> Orientações e alinhamento

Ao realizar o estudo topográfico de um terreno, algumas variáveis são levadas em consideração para que a edificação tenha o conforto necessário para a sua utilização.

>> Rumo

Rumo de uma linha é o ângulo horizontal entre a direção norte-sul e a própria linha, medido a partir do norte ou do sul na direção da linha, porém não ultrapassando 90°.

A variação angular é de 0° a 90°. Deve-se sempre lembrar que o valor angular do rumo nunca ultrapassa os 90° e que a sua origem está ou no norte ou no sul, nunca no leste ou no oeste. Os rumos recebem as iniciais da orientação de acordo com os quadrantes em que se encontram.

» Azimute

Dá-se o nome de azimute ao ângulo que uma linha faz com a direção norte-sul. É medido a partir do norte ou do sul, para a direita ou para a esquerda. Tem variação de 0º a 360º, conforme apresentado na Figura 6.8.

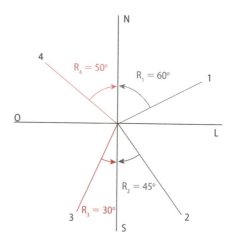

Figura 6.8 Representação gráfica dos ângulos denominados rumo.

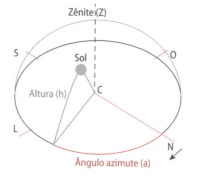

Figura 6.9 Posição do Sol com relação às coordenadas altura e azimute.

» **IMPORTANTE**
Lembre-se de que o Sol é a estrela mais próxima da Terra.

» Relação azimute e rumo

Na Figura 6.10, tem-se a representação do ângulo rumo para cada quadrante e seu respectivo ângulo azimute.

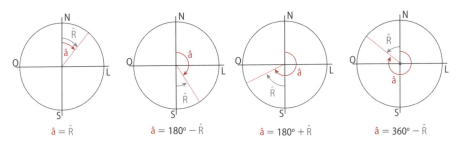

Figura 6.10 Para cada quadrante, a medida do ângulo rumo tem sentido de leitura diferente e apresenta uma relação matemática.

Observe que, enquanto o ângulo azimute pode ter valores entre 0° e 360°, o ângulo rumo varia entre 0° e 90° levando em conta o quadrante ao qual ele pertence.

Analisando as equações representadas em cada quadrante, você observará que o ângulo rumo nunca terá valor negativo.

> **PARA REFLETIR**
>
> Qual é a relação do azimute com o estudo da incidência da luz solar?

Atividades

1. A distância de um edifício até o teodolito é de 32 m. Mirando o alto do edifício, verifica-se, na escala do teodolito, que o ângulo formado por essa linha visual com a horizontal é de 68°. Se a luneta do teodolito está a 1,7 m da calçada, calcule a altura do edifício.

2. Calcule o comprimento AO de uma ponte que será construída sobre um vale. Sabe-se que o teodolito foi estacionado no ponto E a uma distância de 40 metros do ponto A, situado conforme a Figura 6.11.

   Medidas dos ângulos:

   EÂO = 115°

   AÊO = 29°

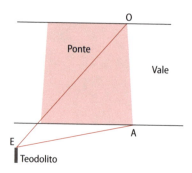

Figura 6.11 Posição do teodolito.

3. Um topógrafo, utilizando um teodolito e uma trena, realizou as medidas de ângulos e distâncias, conforme indicadas na Figura 6.12. Na sequência, calculou que a altura da estrutura é de 85,3 m. Determine a distância entre os pontos A e B, nos quais foi estacionado o teodolito.

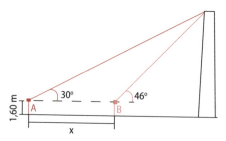

Figura 6.12 Medidas de ângulo e distância.

4. Calcule o azimute de um alinhamento, sabendo que o azimute anterior é de 178° 04' e o ângulo interno entre estes alinhamentos mede 95° 00'.

5. Em São Paulo, sob o ponto de vista de um observador localizado no centro da circunferência, no solstício de verão e no de inverno, ao longo do dia, o sol descreve a trajetória aparente, conforme representada nos "leques" da Figura 6.13. No verão, o sol forma um ângulo de aproximadamente 89° com plano horizontal ao meio-dia. No inverno, esse ângulo é de aproximadamente 43°. Assim, conceba uma planta de uma residência com aproximadamente 80 m² e a localize em um terreno levando em consideração a trajetória do sol e as necessidades de insolação nos ambientes.

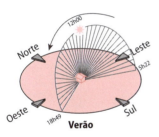
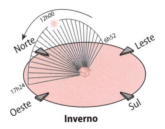

Figura 6.13   Trajetória do Sol na cidade de São Paulo.
Fonte: Dtabach (2006).

» RESUMO

Neste capítulo, foram apresentados alguns conceitos de óptica que embasam o funcionamento de equipamentos utilizados na construção civil para realização de medições de ângulos e de distâncias em grandes glebas. A utilização das propriedades da luz em aparelhos para medições planialtimétricas é um dos fatores que comprovam a importância do conhecimento dos conceitos da física no desenvolvimento de atividades topográficas. Dessa forma, foram tratados conceitos de reflexão e refração, além do conhecimento relativo à incidência luminosa do sol e sua relação com as edificações desde a concepção do projeto, de maneira a identificar o melhor posicionamento da construção em função da trajetória do sol durante o dia, explorando o potencial de luminosidade e de aquecimento.

REFERÊNCIAS

DTABACH. *Face norte:* mitos e verdades. [S.l.]: Dtabach, 2006. Disponível em: <http://dtabach.com.br/face_norte>. Acesso em: 17 set. 2013.

KNIGHT, R. D. *Física*: uma abordagem estratégica. Porto Alegre: Bookman, 2009. v. 2.

LEITURAS RECOMENDADAS

ANTONIASI, J. A.; REGHIN, J. R.; TAMANINI, C. A. Avaliação da insolação no ambiente construído: Clínica Pulsar – Umuarama. *Akrópolis – Revista de Ciências Humanas da UNIPAR*, v. 11, n. 3, 2003.

BITESIZE. *Physics:* refraction of light. [S.l.]: BBC Online, [20--?]. Disponível em: <http://www.bbc.co.uk/bitesize/higher/physics/radiation/refraction/revision/1/>. Acesso em: 20 ago. 2013.

GONÇALVES, P. *Construção de materiais manipuláveis*. [S.l.]: DGIDC, [20--?].

GRUPO DE REELABORAÇÃO DO ENSINO DE FÍSICA. *Apostilas de óptica*. São Paulo: USP, 1998.

LIMA, I. S. P. Insolação em edificações. In: SIMPÓSIO DE ENSINO DE GRADUAÇÃO, 7., 2009, Piracicaba. *Anais...* Piracicaba: UNIMEP, 2009.

capítulo 7

Tratamento acústico

Determinados materiais absorvem ou refletem as ondas sonoras que se propagam no ambiente. Dependendo do tipo de uso que se faz do ambiente, essas ondas sonoras podem produzir efeitos indesejáveis. Assim, neste capítulo, veremos as propriedades físicas das ondas sonoras e por que é importante considerar suas propriedades no dimensionamento de projetos arquitetônicos.

Expectativas de aprendizagem
- » Conceber projetos técnicos arquitetônicos segundo parâmetros e normas de conforto e segurança.
- » Especificar materiais segundo suas propriedades acústicas.
- » Identificar nível de sonoro de ambientes dentro dos parâmetros de tolerância.

Bases Tecnológicas
- » Parâmetros para elaboração de projetos arquitetônicos.
- » Conforto acústico.
- » Tratamento acústico.
- » Isolamento acústico.
- » Propriedades acústicas de materiais.

Bases Científicas
- » Conceitos de acústica.
- » Ondas.
- » Velocidade, comprimento e frequência.
- » Nível sonoro e intensidade.
- » Fenômenos físicos – reflexão, refração e difração.

>> Introdução

O tempo todo, vários tipos de sons invadem nosso sistema auditivo, que os codifica e envia ao cérebro. Este, ao processá-los, leva-nos a responder a esses estímulos por meio de ações. Alguns desses sons são extremamente agradáveis, outros não. Justifica-se, portanto, a necessidade de **tratamento acústico** em determinados ambientes.

Algumas casas de show possuem um tratamento acústico adequado para que você consiga ouvir o timbre ou o tom de um instrumento quando toca uma música. A Sala São Paulo, na capital paulista, é um exemplo da aplicação de procedimentos e materiais que tornam o conforto acústico quase perfeito. Na sala, há um teto móvel, que se adéqua às características da música a ser apresentada. Além disso, contribuem a disposição dos balcões e seus desenhos, a espessura da madeira e o posicionamento do palco, a inexistência de carpetes ou cortinas, o desenho das poltronas e as paredes grandes e pesadas.

Para se ter uma ideia de como esse conforto acústico é importante, em alguns hospitais foram projetadas salas com especificações acústicas para realização de ressonância magnética em pacientes. Como esse procedimento pode levar de 15 minutos a 2 horas, a música torna o ambiente mais confortável e contribui para o relaxamento do paciente, obtendo-se uma imagem de boa qualidade.

Este capítulo, portanto, tem como objetivo apresentar os conceitos relacionados à acústica e como eles interferem no conforto das edificações.

>> Ondas

Imaginemos uma bela praia, onde podemos permanecer tranquilos, sentados em uma confortável cadeira, observando tudo ao redor. Olhando para o mar, surfistas procuram encontrar a onda certa. Algumas ondas são maiores que outras e há distâncias diferentes entre as ondas (Figura 7.1).

De um quiosque, ouve-se uma agradável música que se espalha pela praia. A alguns metros de distância, duas duplas disputam uma partida de vôlei de praia, com cortadas e defesas. Então, temos aqui um bom ambiente para estudar alguns tipos de onda e, como consequência, a acústica.

Figura 7.1 Distâncias entre as ondas.
Fonte: Business 2 Community (c2013).

Ondas mecânicas

Ouvindo atentamente todos os sons do cenário da seção anterior, percebemos que a onda sonora relaciona-se com algumas grandezas físicas conhecidas. São elas:

- a velocidade
- a frequência
- o comprimento

Você já deve ter observado que os surfistas aguardam pacientemente a melhor onda. Muitos deles sabem qual onda aproveitar pela experiência do dia a dia e pelo comportamento do mar. Percebem que determinadas ondas, ou o conjunto delas, possibilitam obter uma boa velocidade para realizar suas manobras, escolhendo se esse conjunto de ondas possui uma distância aproximadamente igual entre uma e outra ou se o conjunto de onda possui várias ondas, ou seja, o número de ondas próximas.

Mas qual é a relação entre praticar vôlei e ondas?

Quando o atacante vai realizar a jogada de ataque, geralmente uma cortada, talvez sem imaginar, ele faz o movimento de uma onda. O movimento que o atacante realiza é o de uma onda. Na Figura 7.2(a), o jogador realiza o início do ataque, o movimento inicial para dar velocidade à bola, com o tronco à frente das pernas e braços. Na Figura 7.2(b), o ataque foi realizado: imprimiu-se velocidade à bola, e pernas e braços se encontram na frente do tronco. Você consegue visualizar o movimento?

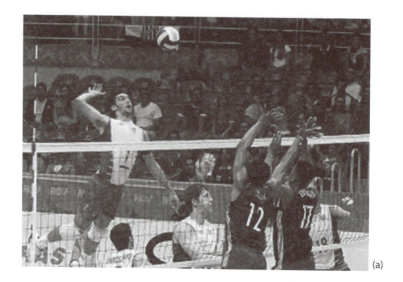

Figura 7.2 (a) O jogador irá imprimir velocidade à bola. (b) A bola recebeu a energia e adquiriu maior velocidade.
Fonte: Artículos Web (2012) e La Prensa (2012).

Pois bem. Essa onda transmite velocidade à bola, como a onda do mar transmite velocidade à prancha de surf. Se o movimento que o atleta fizer for muito rápido, a velocidade que imprime na bola é muito maior e, certamente, será difícil para os adversários defenderem o ataque.

O barulho do mar, o som que vem de uma cortada no vôlei ou mesmo a voz do rapaz vendendo sorvete chegam aos nossos ouvidos porque algo ou alguma coisa possibilitou essa propagação. Essa alguma coisa que possibilitou o som chegar aos nossos ouvidos, na física, é chamada de **meio de propagação**. Neste caso, o ar ao seu redor constitui-se no meio de propagação. Visto que essa onda sonora precisa desse meio para se propagar, ela é definida **onda mecânica**.

Velocidade, comprimento e frequência

No ambiente de trabalho dos profissionais da construção civil, é comum ouvir diferentes sons oriundos de máquinas e equipamentos utilizados no canteiro de obras, como: marteletes, betoneiras, bate-estacas, furadeiras, escavadeiras, britadeiras, etc. Os sons acabam se misturando. Alguns desses sons chegam mais rápido aos nossos ouvidos, outros são mais estridentes.

Dos exemplos citados, verifica-se que há uma relação entre velocidade e distância, tanto nas ondas do mar, quanto nos golpes ritmados de um bate-estacas. E esta relação se dá de forma direta, ou seja, velocidade, comprimento e frequência estabelecem uma relação e são representados por uma **expressão matemática**.

$$v = \lambda f$$

Esta equação representa exatamente o que discutimos, ou seja, que a **velocidade** (v) de propagação da onda é diretamente proporcional ao **comprimento** da onda (λ) e da **frequência** desta onda (f). Tanto o comprimento quanto a frequência influenciam na velocidade de propagação da onda.

» DICA
Algumas grandezas físicas são representadas por letras do alfabeto grego.

» Ondas sonoras

Na seção anterior, foi apresentada uma visão geral do comportamento de ondas mecânicas e a relação entre frequência, velocidade e comprimento de onda, grandezas físicas presentes neste estudo.

No que diz respeito à frequência, os variados timbres fazem a diferença. Por exemplo, no som da guitarra ou no choro estridente de um bebê, é possível identificar um som agudo.

Por outro lado, há sons, como o que ouvimos de um bumbo de uma escola de samba ou o de um barítono de uma ópera, que identificamos como grave. A Figura 7.3 mostra, de forma geral, três ondas de mesma amplitude mas com frequências diferentes entre si e, cada uma delas, com uma velocidade de propagação. Como consequência, diferentes energias serão transmitidas ou transportadas.

Se pensarmos em ondas sonoras, cada onda da figura apresenta timbres (frequências) diferentes para uma mesma intensidade ou volume (amplitude). As ondas sonoras propagam-se em um meio material – sólido, líquido ou gasoso – e apresentam frequência compreendida entre 20 Hz e 20 kHz, intervalo suficiente para estimular o sistema auditivo humano.

» ATENÇÃO
Algumas ondas sonoras encontram-se fora deste intervalo. Ondas sonoras abaixo de 20 Hz são denominadas de infrassom e ondas sonoras superiores à frequência de 20 kHz, são chamadas de ultrassom.

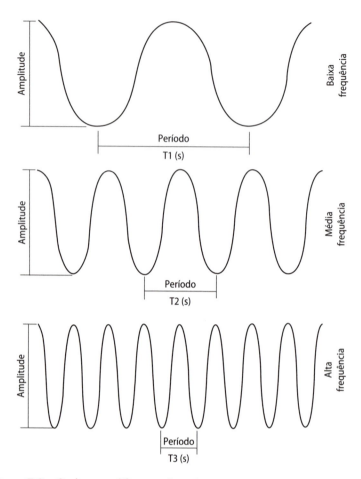

Figura 7.3 Ondas com diferentes frequências.

Nível sonoro e intensidade

Ao mencionar que a onda transporta energia, relacionamos esse fato com a **intensidade**, ou seja, o **nível sonoro** associado. Há uma relação entre essas duas grandezas, conforme apresentadas no Quadro 7.1.

A unidade de medida do nível sonoro é o **bel**, homenagem feita ao engenheiro e cientista Alexander Graham Bell (1847-1922). Entretanto, a unidade comumente utilizada é o **decibel**, um submúltiplo do bel e que vale um décimo de seu valor, como é apresentado no Quadro 7.1, na coluna de nível sonoro.

A coluna de intensidade apresenta os valores correspondentes ao nível sonoro, tendo como unidade de medida o W/m^2, ou seja, uma unidade de potência por unidade de área.

Quadro 7.1 » Relação entre nível sonoro e intensidade

Som	Nível sonoro (dB)	Intensidade (W/m²)
Sussurro	20	1×10^{-10}
Ambiente calmo	30	1×10^{-9}
Sala de aula	45	$3,1 \times 10^{-8}$
Conversa normal	60	1×10^{-6}
Serra circular	88	$6,3 \times 10^{-4}$
Rua com muito tráfego	90	1×10^{-3}
Betoneira em funcionamento	92	$1,6 \times 10^{-3}$
Bate-estaca em funcionamento	98	$6,3 \times 10^{-3}$
Dano ao ouvido humano	120	1
Motor de avião a jato	130	10

O quadro também apresenta o valor do nível sonoro que provoca dano ao ouvido humano quando exposto de forma contínua a uma fonte sonora. A relação entre os dois dados no quadro é dada a seguir.

$$\text{Nível sonoro} = \log \frac{I}{I_0}$$

onde o valor de I_0 vale 10^{-12} W/m².

Fenômenos físicos

Você já presenciou o fato de, em uma casa vazia ou em uma edificação em construção, ao comunicar-se com alguém, sua fala ecoar pelos ambientes. Esse fenômeno é decorrente das sucessivas reflexões que a onda sonora – o som emitido por sua voz – realiza durante seu percurso, e pode não chegar aos ouvidos de seus companheiros, pois a energia que ela transporta vai sendo transferida, em cada reflexão que realiza, para a superfície de contato. A Figura 7.4 ilustra o fenômeno da **reflexão** de ondas sonoras.

Em alguns casos, você consegue se comunicar com um companheiro que está em um andar inferior ao seu, por exemplo, fazendo com que a onda sonora "atravesse"

» **IMPORTANTE**
Cabe salientar que o valor da intensidade sonora é medido em ambientes e, consequentemente, sofre influência da reflexão, refração, difração e reverberação, fenômenos físicos que ocorrem durante a propagação da onda sonora.

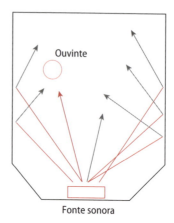

Figura 7.4 Trajetórias das ondas sonoras e as reflexões nas paredes do ambiente.

a laje. Se já fez isso ou viveu uma situação parecida, percebeu que você é obrigado a emitir a onda sonora com mais potência, e essa atitude é intuitiva, pois o som tem que vencer essa barreira. A Física explica, por meio de suas teorias, que a onda sonora sofre uma mudança na velocidade, perde energia ao passar de um meio – ar – para outro meio – laje –, o que nos leva a compreender o fenômeno de **refração**. A Figura 7.5 mostra o esquema da onda sonora sofrendo uma refração.

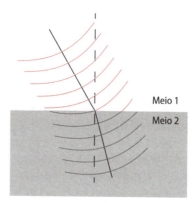

Figura 7.5 Esquema da refração da onda sonora.

Um outro fenômeno que ocorre com a onda sonora é a **difração**. Esse fenômeno você percebe, por exemplo, quando está em um ambiente e conversa com seu colega, que está em outro ambiente.

Quando a onda sonora encontra um obstáculo, parte da energia é absorvida pelo obstáculo e parte segue em frente. No momento do choque, parte dessa onda, que deveria seguir em frente, "contorna" o obstáculo e segue seu próprio caminho. Observe este efeito na Figura 7.6.

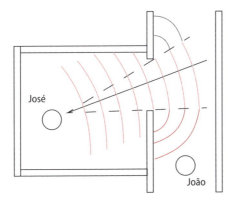

Figura 7.6 Parte da onda sonora mudando de direção.

Algumas residências possuem muros altos para proteger o ambiente interno e, como decorrência, o som vindo da rua não perturba seus moradores.

Em algumas situações, ao emitir um som você ouve o retorno quase que imediatamente, como acontece na Figura 7.6. José emite um som e rapidamente ouve o retorno do som. Esse tempo entre a emissão da fala e o retorno é muito pequeno, da ordem 0,1 s. Quando isso acontece, você tem o fenômeno chamado de **reverberação**.

Entretanto, não confunda a reverberação com o **eco**. No caso do eco, o tempo entre a emissão do som e o retorno é maior que 0,1s. Observamos esse fenômeno em ambientes muito grandes e extensos. Você já deve ter ouvido o eco de sua voz ao gritar próximo de montanhas ou de um desfiladeiro.

Relações matemáticas

Muitas leis da física possuem formulações matemáticas que possibilitam descrever o fenômeno ou prever qual será seu comportamento, levando em consideração as variáveis que envolvem a situação ou, então, realizando um estudo simplificado, mas que não compromete o resultado nem vai contra os conhecimentos teóricos e científicos. Nesta seção, apresentaremos algumas relações importantes e que representam os fenômenos já discutidos aqui.

Uma importante relação para o estudo de ondas sonoras é a **difração**, que está ligada à mudança de velocidade quando a onda sonora passa de um meio para outro, comprovada experimentalmente. A partir dos resultados, procurou-se equacionar e determinar uma relação matemática que represente a observação realizada.

Neste momento, você percebeu que o comportamento da onda sonora assemelha-se com a propagação da luz, com relação à difração. Essa semelhança também é levada para a relação matemática:

$$\frac{\operatorname{sen} i}{\operatorname{sen} j} = \frac{v_1}{v_2} = constante$$

A Figura 7.7 apresenta a onda sonora passando de um meio para outro. Quando ela atravessa a superfície de separação, a velocidade sofre uma mudança, altera seu valor, que pode ser para mais ou para menos.

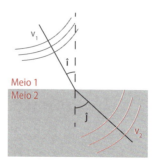

Figura 7.7 A velocidade da onda muda de um meio para outro.

Velocidade do som

A **velocidade do som** pode sofrer alterações? Dependendo do material ou do meio em que a onda sonora se propaga, a sua velocidade pode ser diferente. Em alguns casos, a velocidade do som chega a atingir 6.000 m/s, como no granito. O Quadro 7.2 mostra um dado interessante relacionado ao ferro, em que a velocidade da onda sonora pode atingir 5.100 m/s.

Quadro 7.2 » Valores de velocidade do som em diferentes meios

Meio de propagação	Velocidade (m/s)
Ar (0 °C)	331,5
Ar (20 °C)	343,4
Ar (30 °C)	349,2
Hélio (20 °C)	927
Água (20 °C)	1.480
Água do mar	1.522
Alumínio	4.420
Chumbo	1.200
Latão	3.500
Ferro	5.100

Em filmes de faroeste, é comum ver um índio encostar o ouvido nos trilhos do trem para saber se a composição se aproxima. Como podemos explicar o fundamento científico dessa situação?

É claro que os índios americanos não tinham o conhecimento do valor mas, ao encostar o ouvido nos trilhos, percebiam a propagação do som gerado pelas rodas do trem nos trilhos: a vibração. É dessa forma que o som se propaga nos meios materiais, ou seja, as moléculas de uma região começam a vibrar e transmitem essa vibração para as moléculas vizinhas e assim sucessivamente.

A Figura 7.8 mostra as regiões de compressão e de rarefação. Nossos ouvidos percebem a variação de pressão e emitem sinais ao cérebro, que os decodifica. Na região de compressão, a intensidade é maior. A partir dos dados do Quadro 7.2, também podemos verificar que a velocidade do som no ar aumenta com a elevação da temperatura. Então, se você se deslocar para ambientes em que a temperatura aumenta, a velocidade de propagação do som também irá aumentar e, com isso, um som pode chegar mais rápido de um ponto a outro.

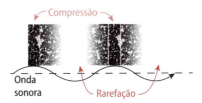

Figura 7.8   Regiões de compressão e rarefação.

Coeficiente de absorção sonora

O que você deve levar em consideração para o ambiente ser confortavelmente acústico é o coeficiente de absorção sonora, que relaciona a intensidade sonora absorvida e incidente, apresentada na seguinte relação:

$$\alpha = \frac{I_a}{I_i}$$

onde I_a = valor da intensidade sonora absorvida e I_i = valor da intensidade sonora incidente. Essa relação varia entre os valores 0 e 1, ou seja, $0 < \alpha < 1$. Materiais porosos e fibrosos possibilitam uma intensidade de absorção muito boa, pois quando o som incide em um poro ou entre as fibras sofre reflexões internas e boa parte da energia sonora é absorvida. Alguns exemplos são:

- Tecidos
- Lã de vidro
- Espumas
- Aglomerados

Conforto acústico

Como já vimos anteriormente, quando a onda sonora atinge um obstáculo, parte da onda sonora é refletida, outra parte é absorvida pelo obstáculo e, em alguns casos, a onda se propaga pelo obstáculo e, finalmente, parte da onda sonora incidente sofre a refração, atravessando o obstáculo.

Assim, para obter um conforto acústico adequado, deve-se conhecer qual é a finalidade do ambiente, tendo em vista que a utilização de diferentes materiais e diferentes formatos de teto ou de paredes divisórias influencia no resultado. A escolha correta dos materiais permite o aproveitamento máximo das ondas sonoras ou, ao contrário, a minimização do desconforto causado.

Em escritórios, por exemplo, utilizam-se "aletas" presas ao teto ou um teto pré-moldado já com essas saliências para impedir que as ondas sonoras realizem inúmeras reflexões e difrações, contribuindo para que o ambiente esteja sempre a um nível sonoro que possibilite o desenvolvimento de um trabalho produtivo, sem riscos à saúde dos profissionais.

A Figura 7.9 mostra um ambiente em que o som emitido reflete e difrata nos diversos objetos existentes no ambiente, propagando-se por toda a sala e causando um desconforto no desenvolvimento do trabalho, podendo prejudicar a saúde.

> **» IMPORTANTE**
> É importante ter o conhecimento de determinadas técnicas e materiais que possibilitem a construção de ambientes de estudo, trabalho ou lazer com o conforto e **acondicionamento acústico** adequado.

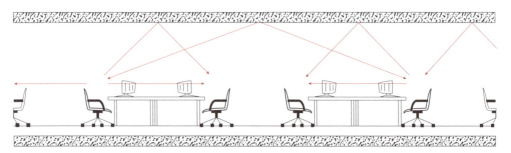

Figura 7.9 Ambiente em que som propaga-se por toda a sala.
Fonte: Mach Acoustics (c2012).

Já a Figura 7.10 mostra uma sala em que as saliências no teto refletem as ondas sonoras e restringem sua propagação. Além disso, há materiais que absorvem o som, propiciando um ambiente mais agradável para o trabalho, contribuindo com a saúde.

Conforme já apontamos, na Sala São Paulo, na capital paulista, a acústica é de fundamental importância. Nesse ambiente, o foco do interesse está na reverberação, que permanece entre 1,5 a 2,5 segundos. Isso possibilita que o som da música permaneça por mais um tempo refletindo no ambiente. Entretanto, outros materiais contribuem para a qualidade do som. Teto móvel (ver Figura 7.11), cortinas de veludo, ranhuras

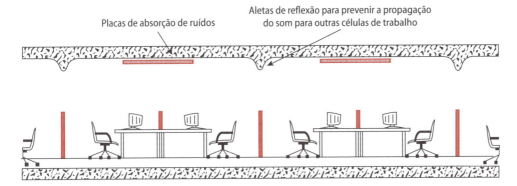

Figura 7.10 Ambiente com pouca propagação de som.
Fonte: Mach Acoustics (c2012).

nos balcões, colunas e ornamentos, formas irregulares, discos de neoprene colocados entre lajes para diminuir a vibração são exemplos do que se pode fazer para garantir a qualidade acústica dos ambientes. Procedimentos e estudos como o desenvolvido para a Sala São Paulo contribuem significativamente para o conforto acústico.

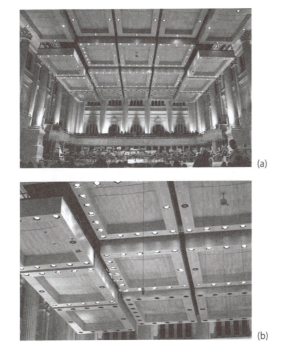

Figura 7.11 (a) Sala São Paulo e (b) detalhe de seu teto móvel.
Fonte: Cortesia de Pablo Galvão.

>> APLICAÇÃO

Você é responsável pela construção de um ambiente que apresente a melhor distribuição do som e você está diante de duas configurações de planta baixa, apresentadas a seguir. Escolha qual dos modelos é mais adequado para a requisição solicitada.

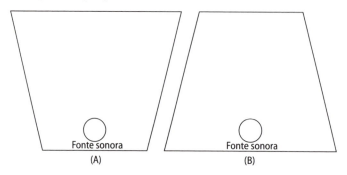

Antes da escolha, lembre-se de que, ao encontrar um obstáculo, parte da onda pode ser refletida, como o feixe de luz é refletido pelo espelho, por exemplo. Sabendo disso, o modelo que melhor atende aos parâmetros acústicos, distribuindo o som por todo o auditório é o representado pela planta baixa B. Observe, nos desenhos a seguir, a diferença na direção de propagação do som.

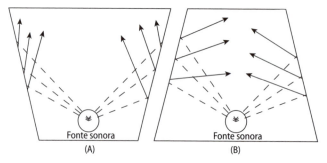

>> PARA SABER MAIS

Um trabalho apresentado no 17° CBECIMat (Congresso Brasileiro de Engenharia e Ciência dos Materiais) com o título *Materiais, Técnicas e Processos para Isolamento Acústico*, de Catai, Penteado e Dalbello (2006), apresenta exemplos de tratamento acústico utilizando sistemas eletrônicos de alto-falantes, utilizando placas de lã de rocha para revestir paredes e tetos e aproveitando as vantagens topográficas do local de instalação de uma usina.

>> NA HISTÓRIA

Uma das referências que se tem do som relaciona-se com a música e está retratada na Figura 7.12. Esta pintura foi encontrada na Tumba de Nakht, sacerdote a serviço do faraó Tutmosis IV, em 1400 a.C. Observe que, na parte inferior, há musicistas com instrumentos de corda e de sopro.

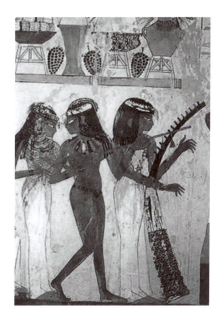

Figura 7.12 Pintura encontrada na Tumba de Nakht.
Fonte: Tour Egypt (c2013).

Há relatos de que, na China, foi observado o processo de ressonância ao utilizarem sinos que possuíam o mesmo padrão sonoro. Consequentemente, timbre e altura do som foram adquirindo suas primeiras definições. Nosso mais conhecido grego, Pitágoras de Samos (570 a.C. −495 a.C.), estudou e relacionou uma teoria matemática de escala com o som, experimentando diferentes comprimentos de corda e o som produzido por elas.

Arquimedes de Siracusa (287 a.C. −212 a.C.) e Herón de Alexandria (~10 d.C.) desenvolveram teorias sobre a propagação do som que contribuíram para a história da física e para os conceitos principais da acústica geométrica. Arquimedes, ao determinar a área de uma superfície, estabeleceu uma relação entre o inverso do quadrado da distância para a intensidade acústica e luminosa. Já Herón afirmava, não exatamente com estas palavras, que o ângulo de incidência quando o som atingia um objeto sólido era igual ao ângulo de reflexão.

Esses conceitos foram aproveitados e contribuíram na construção do Teatro de Epidaurus, Grécia. O público podia ouvir todos os detalhes da apresentação, musical ou teatral, dos artistas no palco, pois o som se propagava em todas as direções e era perceptível a todas as pessoas. Observando a Figura 7.13, nota-se a posição do palco e a configuração da arquibancada.

Figura 7.13   Teatro de Epidaurus.
Fonte: Historvius (c2013).

Com o passar do tempo, os locais de grande concentração de pessoas passaram a ser amplos, contribuindo para que o som sofresse diversas reflexões, tornando-se inaudível. Várias igrejas da Idade Média possuem esta característica. Com a compreensão do comportamento do som e de suas ressonâncias e reverberações, foram estudados materiais e ambientes que pudessem absorver parte do som ou que diminuíssem a sensação de desconforto. Infelizmente, alguns locais não apropriados e sem o cuidado acústico são transformados em verdadeiras caixas de ruídos.

» RESUMO

Neste capítulo, as questões relativas ao conforto acústico foram tratadas à luz dos conceitos da física. O reconhecimento das propriedades físicas das ondas sonoras pode ser um fator decisivo na qualidade acústica dos ambientes. Assim, por meio da interpretação dos fenômenos acústicos, a avaliação de ambientes quanto às especificações dos materiais e dos resultados de conforto acústico pode ser realizada com base em conceitos da física.

» Atividades

1. Um bom isolante acústico, geralmente, é um material pesado, que apresenta grande massa molecular e tem por finalidade impedir que o som passe de um ambiente para o outro. Indique três tipos de materiais isolantes acústicos, destacando suas propriedades.

2. Um bom absorvedor acústico, geralmente, é um material leve, poroso ou fibroso que tem a finalidade de melhorar o conforto acústico, diminuindo o ruído no interior dos ambientes. Esse material atua transformando energia sonora em energia térmica, porém não impede a passagem do som para outros ambientes. Indique três tipos de materiais absorvedores acústicos, apresentando suas propriedades.

3. Em uma sala de aula, a intensidade da voz do professor é de 60 dB, à distância de 1 metro. Ao dobrarmos a distância, o som diminui 6 dB. Considere uma sala de aula com fileira com 5 carteiras, distanciadas entre si em 1 metro. O professor está posicionado 2 m à frente da primeira carteira. Calcule as perdas da intensidade do som a cada carteira nesta fileira.

4. O som dos passos de uma pessoa com sapato de salto, de uma criança brincando ou de objetos caindo ao chão passam despercebidos para os moradores, mas podem incomodar muito os vizinhos do andar debaixo. As soluções para evitar a transmissão dos ruídos de impacto entre os andares são variadas, no entanto seu uso ainda fica restrito às construções de alto padrão. Pesquise alternativas para minimizar tais transmissões, identificando materiais e sistemas para construções populares.

REFERÊNCIAS

ARTÍCULOS WEB. *Premissas del voleibol*. [S.l.]: Artículos Web, 2012. Disponível em: <http://www.articulosweb.net/noticias/premisas-del-voleibol>. Acesso em: 27 ago. 2013.

TOUR EGYPT. *Egypt*: the tomb of nakht on the west bank at luxor. [S.l.]: Tour Egypt, c2013. Disponível em: <http://www.touregypt.net/featurestories/nakht2.htm>. Acesso em: 17 set. 2013.

CATAI, R. E.; PENTEADO, A. P.; DALBELLO, P. F. Materiais, técnicas e processos para isolamento acústico. In: CONGRESSO BRASILEIRO DE ENGENHARIA E CIÊNCIA DOS MATERIAIS, 17., 2006, Foz do Iguaçu. *Anais...* [S.l.: s.n.], 2006.

HISTORVIUS. *Epidaurus*. [S.l.]: Historvius, c2013. Disponível em: <http://www.historvius.com/images/original/Epidaurus-1171.jpg>. Acesso em: 17 set. 2013.

LA PRENSA. *Voleibol*. [S.l.]: La Prensa, 2012. 1 fotografia. Disponível em: <http://imgs.laprensa.com.ni/2012/07/600x400_1343604311_voleibol.jpg>. Acesso em: 27 ago. 2013.

MACH ACOUSTICS. *Acoustics of open plan offices*. Bristol: Mach Acoustics, c2012. Disponível em: <http://www.machacoustics.com/sustainableacoustics/chapter-5-room-acoustics-and-reverberation/p60.html>. Acesso em: 27 ago. 2013.

LEITURAS RECOMENDADAS

ANIMA ACÚSTICA. *Projeto acústico de edificações*. Florianópolis: Anima Acústica, [20--?]. Disponível em: <http://animacustica.com.br/home/servicos/arquitetura-e-construcao/projeto-acustico-de-edificacoes-<>. Acesso em: 20 ago. 2013.

ASSOCIAÇÃO BRASILEIRA DE NORMAS TÉCNICAS. [Site]. Rio de Janeiro: ABNT, 2013. Disponível em: <http://www.abnt.org.br/>. Acesso em: 20 ago. 2013.

CENTRO DE ENSINO E PESQUISA APLICADA. *Ensino de física on-line:* livros on-line disponíveis. São Paulo: CEPA, [20--?]. Disponível em: <http://efisica.if.usp.br/livros/>. Acesso em: 20 ago. 2013.

FERNANDES, J. C. *Acústica de edificações*. Bauru: UNESP, [20--?]. Disponível em: <wwwp.feb.unesp.br/jcandido/acustica/Textos/acustica_de_edificacoes.htm>. Acesso em: 20 ago. 2013.

FROTA, A. P. *Velocidade do som e velocidade da luz em diferentes materiais*. [S.l.: s.n.], [20--?]. Disponível em: <http://profs.ccems.pt/PaulaFrota/velocidade_luz_som.htm>. Acesso em: 20 ago. 2013.

GRUPO DE ENSINO DE FÍSICA. *Ondas mecânicas*. Santa Maria: UFSM, [20--?]. Disponível em: <http://www.ufsm.br/gef/ondas.htm>. Acesso em: 20 ago. 2013.

IAZZETTA, F. *Velocidade de propagação de ondas*. São Paulo: USP, [20--?]. Disponível em: <http://www.eca.usp.br/prof/iazzetta/tutor/acustica/propagacao/vel_prop.html>. Acesso em: 20 ago. 2013.

INSTITUTO NACIONAL DE METROLOGIA, QUALIDADE E TECNOLOGIA. [Site]. [S.l.]: Inmetro, 2012. Disponível em: <http://www.inmetro.gov.br/>. Acesso em: 20 ago. 2013.

LAUTERBACH, C. et al. Interactive sound propagation in dynamic scenes using frustum tracing. *IEEE Transactions on Visualization and Computer Graphics*, v. 13, n. 6, 2007.

MACH ACOUSTICS. *Room acoustics and reverberation*. Bristol: MACH Acoustics, [20--?]. Disponível em: <http://www.machacoustics.com/sustainableacoustics/chapter-5-room-acoustics-and-reverberation/index.html>. Acesso em: 20 ago. 2013.

NEPOMUCENO, J. A. *O projeto acústico*. São Paulo: Secretária de Cultura, [20--?]. Disponível em: <http://www.osesp.art.br/portal/paginadinamica.aspx?pagina=acustica>. Acesso em: 20 ago. 2013.

STEFANO, F. Templo da acústica. *Super Interessante*, n. 143, ago. 1999. Disponível em: <http://super.abril.com.br/tecnologia/templo-acustica-438036.shtml>. Acesso em: 20 ago. 2013.

IMPRESSÃO:

Santa Maria - RS - Fone/Fax: (55) 3220.4500
www.pallotti.com.br